张开春　潘凤荣　孙玉刚 等　编著

甜樱桃优新品种及配套栽培技术彩色图说

中国农业出版社

编著者

张开春　潘凤荣

孙玉刚　张晓明

闫国华　周　宇

王　晶　宋威风

前 言

在北方落叶果树中，樱桃素有“百果之先”、“春果第一枝”的美称。果实红似玛瑙，黄如凝脂，玲珑璀璨；果肉柔软多汁，味道鲜美，被誉为“果中珍品”。樱桃果实营养丰富，可溶性固形物一般在17%以上，高于其他水果。每100克甜樱桃果肉中含总糖12～27克（其中葡萄糖6～12克，果糖5～10克，山梨糖醇0.7～2.7克，蔗糖0.4～1.3克），可滴定酸0.4～0.9克，蛋白质1.4克，总酚100毫克，还原性维生素C12.8毫克，磷29.4毫克，钾165.2毫克，钙5～10毫克，铁0.4～0.6毫克。

甜樱桃，俗称大樱桃，国外栽培面积约600万亩*，总产约230万吨，其中欧洲约占81%，北美占13%，亚洲4%，南半球的智利、澳大利亚、阿根廷、新西兰、南非等国占2%。我国甜樱桃栽培有140余年的历史，规模化发展始于20世纪80年代，随后迅速发展，尤其是近十余年以来，栽培区域和面积迅速扩大，除在山东、辽宁、河北外，陕西、北京、四川、河南、安徽、山西、甘肃、江苏、新疆传统种植区已形成规模化的栽培，在西藏、上海、浙江、云南、贵州、宁夏、吉林、黑龙江也有试栽。据估算，2012年全国栽培面积约达200万亩，产量40万～50万吨，中国即将成为世界上樱桃第一大生产国。但是，樱桃生产中也存在着一些问题，如主栽品种的表现不尽理想，多数国外引进品种和砧木仍然表现出不同程度的“水土不服”现象，果园规模小，生产栽培技术水平普遍不高，标准化程度很低。

本书从我国甜樱桃生产的实际出发，以图文并茂的形式，较详细地介绍了可供生产选用的甜樱桃优良品种和砧木、良种繁育、产地环境要求、生长发育特性、建园要点、整形修剪技术、土肥水栽培管理、病虫害防治、树体保护、避雨栽培等内容。希望读者通过阅读本书，提高对樱桃园的管理水平，以获得较好的经济效益。

由于我们掌握的资料和水平有限，本书疏漏不当之处敬请读者批评指正。

编著者

---

* 亩为非法定计量单位，1亩约为667米^2。下同。——编者注。

目录

第一章

甜樱桃主要优良栽培品种

生产上应用较广泛的樱桃品种有100余个，有些是在漫长的樱桃栽培历史中通过人工选择获得的古老品种，至今仍然在生产中发挥着重要作用，如宾库、那翁等。针对生产中存在的问题，有目标的甜樱桃育种工作开始于20世纪初，距今约有100年的历史，育种成效显著，育成的新品种迅速在生产上推广应用，并成为当今樱桃栽培品种的主流，如先锋、雷尼、斯坦拉等。

我国目前收集到的品种资源有150 ～ 200个，主要保存在大连市农业科学院果树研究所、烟台市农业科学院果树研究所、山东省农业科学院果树研究所、中国农业科学院郑州果树研究所和北京市农林科学院林业果树研究所等地。我国甜樱桃育种工作起步较晚，最早始于20世纪60年代大连市农业科学研究所王逢寿主持的育种课题组，培育出10余个新品种，其中红灯、佳红、红蜜等品种已成为樱桃生产中的主栽品种，这些品种能很好地适应我国的气候条件，为樱桃产业的发展起到了积极的推进作用。改革开放以后，随着我国樱桃产业的发展，生产上对樱桃新品种的需求越来越迫切，国内很多果树科研单位相继开展了甜樱桃育种工作，如北京市农林科学院林业果树研究所、中国农业科学院郑州果树研究所、山东省农业科学院果树研究所、西北农林科技大学园艺系等，育种规模不断扩大，相信在不久的将来，一个个适合我国气候特点并拥有自主知识产权的新品种会不断涌现。

本章主要介绍我国目前生产上主要的甜樱桃栽培品种，包括红灯、红艳、佳红、巨红、明珠、红蜜、晚红珠、伯兰特、早大果、美早、龙冠、先锋、砂蜜特、斯坦拉、拉宾斯、雷尼等，这些品种综合性状优良，栽培相对容易，适应性较广，经济价值高。

一、红灯

辽宁省大连市农业科学研究院（原大连农业科学研究所）育成，是我国目前广泛栽培的优良早熟品种。叶片特大、阔椭圆形，叶面平展，深绿色有光泽，叶柄基部有2～3个紫红色长肾形大蜜腺，叶片在枝条上呈下垂状着生；花芽大而饱满，每个花芽有1～3朵花，花冠较大，花瓣白色、圆形，花粉量较多。果实为肾形，大而整齐，初熟为鲜红色，外观美丽，挂在树上宛若红灯，逐渐变成紫红色，有鲜艳的光亮（图1-1）；平均单果重9.6克，最大可达15克。果核圆形，中等大小，半离核，果柄短粗。果肉肥厚多汁，酸甜可口，果汁红色；可溶性总糖14.48%，可滴定总酸0.92%，每100克果肉含维生素C16.89毫克，单宁0.153%，可溶性固形物含量17.1%。较耐贮运，品质上等。果实发育期45天，大连地区6月8日左右果实成熟，经济价值很高。

该品种树势强健，树冠大，萌芽率高，成枝力较强，枝条粗壮。幼树期枝条直立粗壮，生长迅速，容易徒长。进入结果期较晚，一般定植后4年结果，6年丰产。盛果期后，短果枝、花束状和莲座状果枝增多，树冠逐渐半开张，果枝连续结果能力强，能长期保持丰产稳产和优质壮树的经济栽培状态。

图1–1　红　灯

二、红艳

红艳由辽宁省大连市农业科学研究院育成。果实宽心脏形，平均果重8克，最大果重10克；果皮底色浅黄，阳面着鲜红色，色泽艳丽，有光泽（图1-2）；果肉细腻，质地较软，果汁多，酸甜可口，风味浓郁，品质上等；可溶性总糖12.25%，可滴定总酸0.74%，每100克果肉含维生素C13.8毫克，可溶性固形物含量18.52%，可食率93.3%。

红艳樱桃树势强健，生长旺盛，七年生树高达3.76米，冠径3.83米，长、中、短、花束状、莲座状果枝比率分别为44.12%、6.47%、6.71%、11.74%、30.96%。幼龄期多直立生长，盛果期后树冠逐渐半开张，一般定植后3年开始结果。花芽大而饱满，每花序1 ～ 4朵花，在红蜜、5 － 19、晚红珠等授粉树配置良好的情况下，自然坐果率可达60%左右，六年生树平均亩产741千克，为对照品种宾库的297.2%。早期丰产性好，有一定自花结实能力。大连地区6月10日左右成熟，和红灯同期成熟。北京地区成熟期比红灯略晚2 ～ 3天。

图1–2　红　艳

三、佳红

佳红由辽宁省大连市农业科学研究院培育。果实宽心脏形，大而整齐，平均单果重10克，最大13克。果皮薄，底色浅黄，阳面着鲜红色（图1-3）。果肉浅黄色，质较软，肥厚多汁，风味酸甜适口。核小，粘核，可溶性总糖13.17%，可滴定总酸0.67%，每100克果肉含维生素C10.57毫克，可食率94.58%，含可溶性固形物含量19.75%，品质上等。花芽较大而饱满，花芽多，每个花芽有1～3朵花；花冠较大，花瓣白色、圆形，花粉量较大；花芽量大，连续结果能力强，丰产。

树势强健，生长旺盛，幼树生长较直立，结果后树姿逐渐开张，枝条斜生，一般3年开始结果，初果期中、长果枝结果，逐渐形成花束状果枝，5～6年以后进入高产期。十五年生树高达5米，树冠径2.75米，长果枝、中果枝、短果枝、花束状果枝、莲座状结果枝比率分别为39.8%、11.43%、3.91%、2.12%、42.74%。在红灯、巨红等授粉树配置良好的条件下，自然坐果率可达60%以上。六年生树平均亩产1 018千克，八年生树平均亩产1 299千克，较对照品种那翁高79%。比红灯晚熟7天左右，大连地区于6月中旬成熟。北京地区6月上旬成熟，比先锋早7天左右。

图1-3 佳 红

四、巨红

巨红由辽宁省大连市农业科学研究院育成。该品种树势强健，生长旺盛，十五年生树高达5米，冠径3.98米，幼龄期呈直立生长，盛果期后逐渐呈半开张，一般定植后3年开始结果。花芽大而饱满，每个花序1～4朵花，花粉量多，在红灯、佳红等授粉品种配置良好的条件下，自然坐果率可达60%以上。盛果期平均亩产872千克。果实宽心脏形，整齐（图1-4），平均横径2.81厘米，平均果重10.25克，比那翁的平均果重多4.26克，最大果重13.2克；果实可食率为93.12%，总糖、总酸、维生素C等含量均高于那翁。果核中等大小，粘核。果实发育期60～65天，比红灯晚熟15天左右，大连地区6月下旬成熟。北京地区6月上、中旬成熟，比先锋早5天左右。

图1-4　巨　红

五、明珠

明珠是辽宁省大连市农业科学研究院最新选育的早熟优良品种。果实宽心脏形，平均果重12.3克，最大果重14.5克，平均纵径2.3厘米，平均横径2.9厘米；果实底色稍呈浅黄，阳面呈鲜红色，外观色泽艳丽（图1-5）。肉质较软，风味酸甜可口，品质极佳，可溶性固形物含量22%，可溶性总糖13.75%，可滴定总酸0.41%，可食率93.27%。明珠目前中早熟品种中品质最佳的。果实发育期40 ~ 45天，比红灯早熟3 ~ 5天，大连地区6月上旬即可成熟。

树势强健，生长旺盛，树姿较直立，芽萌发力和成枝力较强，枝条粗壮。三年生树高达2.45米，冠径2.71米，幼龄期直立生长，盛果期后树冠逐渐半开张，一般定植后4年开始结果，五年生树混合枝、中果枝、短果枝、花束状果枝结果比率分别为53.1%、24.5%、16.7%、5.7%。花芽大而饱满，每个花序2 ~ 4朵花，在先锋、美早、拉宾斯等授粉树配置良好的情况下，自然坐果率可达68%以上。

图1–5　明　珠

六、红蜜

红蜜由辽宁省大连市农业科学研究院育成。果实中等大小，平均单果重6.0克，果实心脏形，底色黄色，阳面有红晕（图1-6）。果肉软，果汁多，甜，品质上等，可溶性固形物含量17%。果核小，粘核。大连地区6月上、中旬果实成熟，比红灯晚熟3～5天。北京地区5月下旬成熟，比红灯晚5～7天。

树势中等，树姿开张，树冠中等偏小，适宜密植栽培。萌芽力和成枝力强，分枝多，容易形成花芽，花量大，幼树早果性好，一般定植后4年即可进入盛果期，丰产稳定，容易管理。

图1-6　红　蜜

七、晚红珠

晚红珠是辽宁省大连市农业科学研究院育成的极晚熟品种，原代号8－102，2008年6月通过辽宁省非主要农作物品种审定委员会审定并命名。晚红珠樱桃树势强健，生长旺盛，树势半开张，七年生树高达3.78米，冠径5.3米，幼树期枝条虽直立，但枝条拉平后第二年即可形成许多莲座状果枝，七年生树长果枝、中果枝、短果枝、花束状果枝、莲座状果枝比率分别为16.45%、3.13%、5.63%、19.37%、55.42%。花芽大而饱满，每个花序2～4朵花，花粉量多，在红艳、佳红等授粉品种配置良好的条件下，自然坐果率可达63%以上。该品种受花期恶劣天气的影响很低，即使花期大风、下雨，其坐果仍然良好。盛果期平均亩产1 420千克。果实宽心脏形，全面洋红色，有光泽（图1-7）。平均果重9.8克，最大果重11.19克。果肉红色，肉质脆，肥厚多汁，果肉厚度达1.16厘米，风味酸甜可口，品质优良，可溶性固形物含量18.1%，可溶性总糖12.37%，可滴定酸0.67%，单宁0.22%，每100克果肉含维生素C9.95毫克，果实可食率为92.39%。核卵圆形，粘核。耐贮运。大连地区7月上旬果实成熟，比先锋晚熟15～20天，属极晚熟品种，鲜果售价高是其突出优点。抗裂果能力较强（主要指阵雨），春季对低温和倒春寒抗性强。北京地区6月中、下旬成熟，比先锋晚5～7天。该品种需注意树体防护。

图1—7 晚红珠

八、伯兰特(Burlat)

世界著名品种，原产法国，亲本不详。果实大，心脏形，缝合线侧面平(图1-8)。果实红色到紫红色，光亮，果皮厚度中等，易裂果。果肉中等硬度，果汁多，风味酸甜，品质优，半离核。北京地区5月中旬成熟，比红灯早3～5天。

树体生长健壮，幼树直立，逐渐开张，早果性好，丰产。开花期居中。

意大利通过辐射诱变于1983年选育出紧凑型变异伯兰特C1，树体比伯兰特小25%。

图1-8　伯兰特

九、早大果

乌克兰农业科学院灌溉园艺科学研究所育成。果实扁圆形，大而整齐，平均单果重11 ~ 12克；果皮紫红色（图1-9），果肉较软，果汁红色；果核大、圆形、半离核；可溶性固形物16% ~ 17%，口味甜酸，品质中上等；果柄中等长度。果实成熟期一致，比红灯早3 ~ 4天，北京地区5月中旬成熟。

该品种树体中庸健壮，树姿开张，树冠圆球形，以花束状果枝和中、短果枝结果为主，幼树成花早，早期丰产性好。

图1-9 早大果

十、美早（Tieton）

从美国引入。叶片特大，叶色浓绿；蜜腺大，多数2～3个，肾形，红色。花芽大而饱满，花冠大。果色鲜红，充分成熟时为紫红色至紫黑色，具明亮光泽，艳丽美观（图1-10）；果形为宽心脏形，个大而整齐，平均单果重12克；果柄短粗；果肉硬，半离核，肥厚多汁，风味甜酸适口，可溶性固形物含量为18%左右，可食率92.3%；果汁红色；果核圆形，中等大小。北京地区5月下旬果实成熟，比红灯品种晚3～5天。

幼树生长旺盛，分枝多，枝条粗壮，萌芽力高但成枝力中等，进入结果期较晚，以中、长果枝结果为主。成龄树树冠大，半开张，以短果枝和花束状果枝结果为主。

图1-10　美　早

十一、龙冠

中国农业科学院郑州果树研究所育成。果实宽心脏形，鲜红至紫红色，具亮丽光泽（图1-11）。平均单果重6.8克，最大果重12克。果汁紫红色，甜酸适口，风味浓郁，可溶性固形物含量13%～16%。果柄长。果肉较硬，贮运性较好。北京地区果实5月下旬成熟，比红灯晚3天。自花结实能力强，可达25%～30%。树体健壮，花芽抗寒性强，适合我国中西部地区栽培。

图1-11 龙 冠

十二、先锋（Van）

加拿大太平洋农业与食物研究中心育成的优良甜樱桃品种，世界各地广泛栽培。果实为扁圆形，平均单果重8.5克，最大果重10.5克，产量过高时果个变小。果皮紫红色，有光泽，艳丽美观（图1-12）。果梗短粗。果肉紫红色，丰满肥厚，硬脆多汁，甜酸适度，可溶性固形物含量17%，品质上等。果实生育期60～65天，比红灯晚20天左右，北京地区6月上、中旬成熟。

该品种树势中庸健壮，新梢粗壮直立，幼树新梢棕褐色，大枝紫红色。叶片中大，深绿色，平展，有光泽。以短果枝和花束状果枝结果为主，花芽容易形成，大而饱满，花粉量多。幼树早果性好，丰产稳产，果实裂果轻，耐贮运，树体抗寒性强。

图1-12　先　锋

十三、砂蜜特（Summit）

加拿大太平洋农业与食物研究中心以先锋和萨姆杂交育成。果个大，平均单果重11～13克，果实心脏形，紫红色，光亮美观(图1-13)，果肉较硬果，口味酸甜适口，风味浓，品质上等，商品性好。果皮韧度较高，裂果轻。北京地区6月上旬成熟，比先锋早3～5天。

树势中庸健壮，叶片中大，节间短，树体紧凑，早果丰产性能好，产量高。初果期多以中、长果枝结果，盛果期以花束状果枝结果为主。花期较晚，适宜晚花品种作为授粉树。

图1－13　砂蜜特

十四、斯坦拉（Stella）

加拿大太平洋农业与食物研究中心育成的自花结实品种。果实大，平均单果重7克，最大果重10.2克，心脏形，果顶钝圆，缝合线不明显，果柄细长（图1-14）。果面紫红色，艳丽美观。肉质硬而细密，酸甜适口，可溶性固形物含量16.8%，风味佳。成熟期比先锋早3～5天，北京地区6月上旬成熟。

该品种自花结实能力强，花芽充实饱满，花粉多，可以作为很好的授粉品种。树势强健，树姿开张，枝条健壮，新梢斜生，幼树结果早，丰产稳产。较抗裂果，耐贮运性强，但抗寒性稍差。

图1-14　斯坦拉

十五、拉宾斯（Lapins）

加拿大太平洋农业与食物研究中心育成的自花结实品种。果实大，平均单果重11.5克，近圆形或卵圆形。果面紫红色，具艳丽光泽，果点细（图1-15）。果肉肥厚多汁，肉质硬，口味甜酸，可溶性固形物含量16%，品质上等。成熟期与先锋接近，北京地区6月上、中旬成熟。

树势强健，树姿开张，树冠中大，幼树生长快，半开张，新梢直立粗壮。幼树结果早，以中、长枝上的花束、花簇状果枝结果为主。连续结果能力极强，产量高而且可连续高产。花芽较大而饱满，开花较早，花粉量多，自交亲和，并可为同花期品种授粉。抗裂果。秋天落叶较早，枝条充实，抗寒较强。

图1-15　拉宾斯

十六、雷尼（Rainier）

美国华盛顿州培育。果个大，平均单果重8～9克。果实扁圆形，果柄短。果皮黄色，阳面鲜红色，充分成熟时果面全红，具光泽，艳丽（图1-16）。果肉脆，可溶性固形物含量15%，品质佳。成熟期比伯兰特晚18～20天，比先锋早3～5天成熟，在北京地区6月上旬成熟。花芽大而饱满，花粉多。

该品种树势强健，树冠紧凑，幼树生长较直立，随树龄增加逐渐开张，枝条较粗壮、斜生。幼树结果早，以中、长果枝结果为主；盛果期树以短果枝和花束状果枝结果为主，丰产稳产。抗裂果，抗寒性强，但在大连不抗裂果，冻害较重。

图1-16 雷 尼

第二章

新引进和培育的甜樱桃品种

一、新引进品种

（一）秦林（Chelan）

育种单位：美国华盛顿州立大学。

果实形状：果实阔心脏形，果顶圆，果个整齐（图2-1）。

果实颜色：果皮红色至紫红色，有光泽，果肉浓红色。

果实重量：平均单果重8克，最大果重11克。

图2-1　秦　林

果实品质：果肉硬脆，可溶性固形物含量17％，酸甜适口，风味浓；核较小，离核，果实可食率94％；耐贮运，常温下可贮放1周左右。

成熟期：果实成熟期一致，比宾库早10～12天（比红灯晚5～7天），烟台地区6月上旬成熟。

栽培习性：树势中等，在矮化砧木上存在坐果过多、果个偏小的问题，砧木可采用考特、马哈利、马扎德。授粉树可采用先锋、拉宾斯、砂蜜特等。双果、畸形果少，丰产、抗裂果是其特点。

（二）布鲁克斯（Brooks）

育种单位：美国加利福尼亚大学戴威斯分校，1988年育成，亲本为Rainier × Early Burlat。山东省果树研究所1994年引进，2007年12月通过山东省林木品种审定委员会审定。

果实形状：果实扁圆形，果顶平，稍凹陷。果柄短粗（图2-2）。

果实颜色：果实红色，鲜艳光泽，果面有条纹和斑点。

果实重量：平均单果重8 ~ 10克，最大单果重13克以上。

果实品质：果肉淡红色，肉厚核小，可食率96.1%；肉质脆，糖度高、酸度低，口感好，含糖量17.0%，含酸量0.97%，风味甘甜是其主要特点。采收时遇雨易裂果。

成熟期：熟期集中，比宾库早熟10 ~ 14天（比红灯晚3 ~ 7天），在泰安5月中、下旬成熟，可在果实亮红色采收。

栽培习性：树体生长势强，适应性强。初结果树以中、短果枝结果为主，成龄树以短果枝结果为主，早实丰产。布鲁克斯与红灯、早大果、红宝石、雷尼的花期基本一致。

图2-2　布鲁克斯

（三）桑提娜（Santina）

育种单位：加拿大太平洋农业食品研究中心育成。

果实形状：果实卵圆形，果柄中长。

果实颜色：果皮红色至紫红色（图2-3）。

果实重量：平均单果重8～9克。

果实品质：果肉硬，味酸甜，品质中上，可溶性固形物含量18%，较抗裂果。

成熟期：果实成熟期一致，比宾库早10～12天（比红灯晚5～7天），烟台地区6月上、中旬成熟。

栽培习性：树姿开张，干性较强，自花结实，早实丰产。

图2-3 桑提娜

（四）雷吉娜（Regina）

育种单位：德国Jork果树试验站1998年推出。

果实形状：果实近心脏形。果柄中长（图2-4）。

果实颜色：果皮暗红色，果面光泽，果肉红色。

果实重量：果实大型，平均单果重8～10克。

果实品质：果肉质硬，耐贮运，酸甜可口，风味佳，完全成熟时可溶性固形物含量达20%。

成熟期：晚熟，成熟期比宾库晚14～17天，在郑州5月底至6月初成熟。

栽培习性：树势健壮，生长直立，自花不结实，早果丰产性较好，抗裂果性能强，较抗白粉病。花期较先锋晚4天。

图2-4　雷吉娜　（赵改荣提供）

（五）艳阳（Sunburst）

育种单位：加拿大太平洋农业食品研究中心杂交育成，亲本为先锋和斯坦拉。

果实形状：圆形，果柄中长（图2-5）。

果实颜色：果皮红艳，具光泽。

果实重量：果实大型，平均单果重10～12克，最大22.5克以上。

果实品质：果肉较软，多汁，味甜，酸度低，品质优。

成熟期：成熟期比拉宾斯早4～5天。

栽培习性：幼树生长旺盛，盛果期后树势逐渐衰弱。自花结实，丰产稳产，抗病性和抗寒性均强，遇雨有裂果现象。

图2-5 艳 阳

（六）甜心（Sweet Heart）

育种单位：加拿大太平洋农业食品研究中心1994年推出。亲本为先锋和新星。

果实形状：果实圆形。

果实颜色：果皮红色，果肉红色（图2-6）。

果实重量：果实大型，平均单果重8～11克。

果实品质：果肉硬，中甜，风味好，具清香，可溶性固形物含量18.8%。

成熟期：晚熟品种，成熟期比先锋晚19～22天，烟台地区6月下旬成熟。

栽培习性：树体生长旺盛，树姿开张，自花结实，早实，丰产性好，砧木宜选用马扎德，每年需要适当的修剪，新梢摘心，以防止结果枝过密。

图2-6　甜　心

(七)柯迪亚(Kordia)

育种单位：捷克品种。

果实形状：果实宽心脏形。

果实颜色：紫红色，光泽亮丽，果肉紫红色（图2-7）。

果实重量：平均单果重8 ~ 10克。

果实品质：果肉较硬，耐贮运，风味浓，可溶性固形物含量18%，较抗裂果。

成熟期：晚熟品种，成熟期比宾库晚7 ~ 10天，比拉宾斯早3 ~ 4天。在郑州5月下旬成熟。

栽培习性：树势较强，早果丰产，花期晚，但花较脆弱，易受霜冻影响。授粉树可选用Skeena，雷吉娜，Benton，Sandra Rose，Schneiders，Stardust。砧木宜选用马扎德，吉塞拉6号或12号。

图2—7　柯迪亚　　（赵改荣提供）

（八）胜利（乌克兰3号）

育种单位：乌克兰农业科学院灌溉园艺科学研究所育成。山东省果树研究所1997年从乌克兰引进，2007年通过山东省农业品种审定委员会审定。

果实形状：果实近圆形，梗洼宽，果柄较短、中细。

果实颜色：果皮深红色，充分成熟黑褐色，鲜亮有光泽；果汁鲜艳深红色（图2-8）。

果实重量：平均单果重10克以上。

果实品质：果肉硬、多汁，耐贮运，味浓，酸甜可口，可溶性固形物含量17%。

成熟期：晚熟，比红灯晚20天，在泰安地区6月初成熟，烟台地区6月下旬成熟。

栽培习性：树体高大，树姿直立，生长势强旺，干性较强。结果期较晚，进入盛果期后，连续结果能力较强，产量稳定。

图2–8　胜　利

（九）红手球

育种单位：日本山形县立园艺试验场。

果实形状：果实短心脏形。

果实颜色：果皮底色为黄色，果面色为鲜红色至浓红色，完全成熟果肉呈乳黄色(图2-9)。

果实重量：平均单果重10克以上。

果实品质：硬肉，可溶性固形物含量19%。近核处略有苦味。

成熟期：晚熟品种，比红灯晚20天，大连地区6月下旬成熟。

栽培习性：幼树树势强，结果树树势中庸、树姿较开张，花芽着生较多，具有较好的丰产性，授粉品种有南阳、佐藤锦等，早实。

图2-9　红手球

二、新培育品种

（一）丽珠

育种单位：辽宁省大连市农业科学研究院。

果实形状：果实肾形。

果实颜色：初熟为鲜红色，逐渐变成紫红色，有鲜艳的光亮（图2-10）。

果实重量：平均果重10.3克，最大果重11.5克。

果实品质：肉质较软，风味酸甜可口，可溶性固形物含量21%。

成熟期：大连地区6月下旬果实成熟。

栽培习性：进入结果期早，连年丰产性好。

图2-10　丽　珠

（二）泰珠

育种单位：辽宁省大连市农业科学研究院。

果实形状：果实肾形。

果实颜色：果实全面紫红色，有鲜艳光泽和明晰果点（图2-11）。

果实重量：平均单果重13.5克，最大果重15.6克。

果实品质：肉质较脆，肥厚多汁，风味酸甜适口，可溶性固形物含量19%以上。核较小，近圆形，半离核，耐贮运。

成熟期：大连地区6月20～25日成熟。

栽培习性：树势强健，生长旺盛，枝条粗壮。

图2-11　泰　珠

（三）饴珠

育种单位：辽宁省大连市农业科学研究院。

果实形状：果实宽心脏形。

果实颜色：果实底色呈浅黄色，阳面着鲜红色霞（图2-12）。

果实重量：平均单果重10.6克，最大果重12.3克。

果实品质：肉质较脆，肥厚多汁，风味酸甜适口，品质上等。可溶性固形物含量22%以上。核较小，近圆形，半离核，耐贮运。

成熟期：大连地区6月中、下旬果实成熟。

栽培习性：丰产性好。

图2-12　饴　珠

（四）冰糖脆

育种单位：辽宁省大连市农业科学研究院育成，原代号9 － 19。

果实形状：果实宽心脏形。

果实颜色：果实底色呈浅黄色，阳面着鲜红色霞，外观色泽鲜艳（图2-13）。

果实重量：平均单果重8.5克，最大果重9克。

果实品质：肉质脆硬，风味甜酸可口，品质上等。可溶性固形物含量22%以上，高者可达30%，由于其肉质脆硬且含糖量高，消费者俗称“冰糖脆”。核小，近圆形，粘核，特耐贮运。

成熟期：大连地区6月中旬果实成熟。

栽培习性：丰产性好，果实熟期遇雨易裂果。

图2-13　冰糖脆

（五）早露

育种单位：辽宁省大连市农业科学研究院育成，原代号5 － 106。

果实形状：果实宽心脏形，平均纵径2.02厘米，平均横径2.45厘米。

果实颜色：全面紫红色，有光泽（图2-14）。

果实重量：平均果重8.65克，最大果重9.8克。

果实品质：果肉红紫色，质较软，肥厚多汁，风味酸甜可口；可溶性固形物含量18.9%，果实可食率达93.13%。核卵圆形，粘核。较耐贮运。

成熟期：果实发育期35天左右，比红灯早熟7 ～ 10天，大连地区5月末果实成熟。

栽培习性：品种树势强健，生长旺盛。萌芽率高，成枝力强，枝条粗壮。一般定植后3年开始结果。十一年生树长果枝、中果枝、短果枝、花束状果枝、莲座状果枝的比率分别为8.95%、9.36%、7.94%、15.46%、58.29%。莲座状果枝连续结果能力可长达7年，莲座状果枝连续结果4年的平均花芽数为4.15个，5年的平均花芽数4.3个。

图2−14　早　露

（六）早红珠

育种单位：辽宁省大连市农业科学研究院育成，原代号8 – 129。

果实形状：果实宽心脏形。

果实颜色：果实全面紫红色，有光泽（图2-15）。

果实重量：平均单果重8.5克，最大果重9克。

果实品质：果个大，平均果重9.50克，最大果重10.60克。果实宽心脏形，有光泽。果肉紫红色，质较软，肥厚多汁，风味酸甜可口，品质佳，可溶性固形物含量18%以上。

成熟期：大连地区6月上旬果实成熟。

栽培习性：萌芽率高，成枝力较强，枝条粗壮。一般定植后4年开始结果，幼树期以中、长果枝结果为主，随着树龄的不断增加，各类结果枝比率也在逐渐调整，长、中果枝比率减少，莲座状果枝比率增大。“早红珠”樱桃各类结果枝的花芽数与枝条长度呈正相关，即长、中果枝上着生的花芽数最多，以短果枝、花束状果枝的顺序递减。各类果枝的平均花芽数：长果枝6.4个，中果枝7个，短果枝5.9个，花束状果枝4.2个，莲座状果枝3.08个。各类结果枝的花芽所占比率：长果枝花芽数占总花芽数的24.08%，中果枝占26.33%，短果枝占22.20%，花束状果枝占15.80%，莲座状果枝11.59%。

图2–15　早红珠

（七）13－33

育种单位：辽宁省大连市农业科学研究院。

果实形状：果实宽心脏形。

果实颜色：全面浅黄色，有光泽（图2-16）。

果实重量：平均果重10.1克，最大果重11.4克。

果实品质：果肉浅黄白，质较软，肥厚多汁，风味甜酸可口，有清香，品质上，可溶性固形物含量21.2%。核卵圆形，粘核。较耐贮运。

成熟期：大连地区6月中、下旬果实成熟。

栽培习性：丰产性中等。

图2-16　13－33

（八）彩虹

育种单位：北京市农林科学院林业果树研究所。

果实形状：果实扁圆形。

果实颜色：全面橘红色，艳丽美观（图2-17）。

果实重量：果个大，平均单果重7.68克，最大果重10.5克。

果实品质：果肉黄色，脆，汁多，风味酸甜可口，可溶性固形物含量19.44%，可食率93%。

成熟期：中熟品种，北京地区6月上旬成熟。

栽培习性：树姿较开张，树体和花芽抗寒力均较强，无特殊的敏感性病虫害和逆境伤害。早果丰产性好，自然坐果率高，五年生树亩产可达750千克，盛果期树亩产1 000千克以上。果实成熟后在树上维持时间可达30天，较适合观光采摘。

图2-17　彩　虹

（九）彩霞

育种单位：北京市农林科学院林业果树研究所。

果实形状：果实扁圆形。

果实颜色：初熟时黄底红晕，完熟后全面鲜红色，色泽艳丽美观（图2-18）。

果实重量：果个大，平均单果重6.23克，最大果重9.04克。

果实品质：果肉黄色，质地脆，汁多，风味酸甜可口，可溶性固形物含量17.05%，可食率93%。

成熟期：北京地区果实发育期72～74天，6月下旬成熟，是目前适宜北京地区种植的最晚熟樱桃品种。

栽培习性：树姿较开张，早果丰产性好，树体和花芽抗寒力均较强，无特殊的敏感性病虫害和逆境伤害。

图2–18　彩　霞

（十）早丹

育种单位：北京市农林科学院林业果树研究所。

果实形状：果实长圆形。

果实颜色：初熟时鲜红色，完熟后紫红色（图2-19）。

果实重量：果个中大，平均单果重6.2克，最大果重8.3克。

果实品质：果肉红色，汁多，风味酸甜可口，可溶性固形物含量16.6%，可食率96%。

成熟期：北京地区果实发育期33天，5月中旬成熟，比红灯早成熟1周以上，是一个优良的极早熟鲜食甜樱桃品种。

栽培习性：树姿较开张，早果丰产性好，树体和花芽抗寒力均较强，无特殊的敏感性病虫害和逆境伤害。

图2–19　早　丹

（十一）香泉1号

育种单位：北京市农林科学院林业果树研究所。

果实形状：果实近圆形。

果实颜色：黄底红晕（图2-20）。

果实重量：平均单果重8.4克，最大单果重10.1克。

果实品质：果肉黄色，质地韧，酸甜可口，品质好。可溶性固形物含量19.0%，可食率95%。

成熟期：北京地区6月上旬成熟，采收期从6月上旬至6月下旬。采收期长，适合观光采摘。

栽培习性：早果丰产性好，自然坐果率高，不需要配置授粉树。树势中庸，花芽形成好，各类果枝均能结果，进入盛果期后，长果枝占4.69%，中果枝占8.85%，短果枝占10.29%，花束状果枝占67.97%，发育枝占8.2%，以花束状果枝结果为主。五年生树亩产可达500千克，盛果期树亩产750千克以上。在北京地区，该品种实生树、高接树和幼树，多年内未见严重冻害和日烧现象。树体和花芽抗寒力均较强。无特殊的敏感性病虫害和逆境伤害。

图2-20　香泉1号

（十二）香泉2号

育种单位：北京市农林科学院林业果树研究所。

果实形状：果实肾形。

果实颜色：初红时黄底红晕，完熟后橘红色（图2-21）。

果实重量：平均单果重6.6克，最大单果重8.25克。

果实品质：果肉黄色、软、汁多，风味浓郁，酸甜可口。可溶性固形物含量17%，可食率94.4%。

成熟期：北京地区果实发育期36天左右，5月中、下旬成熟。

栽培习性：早果丰产性好，自然坐果率高，需要配置授粉树，建议配置先锋、雷尼、艳阳等。树势中庸，花芽形成好，各类果枝均能结果。

图2—21　香泉2号

第三章 甜樱桃主要砧木

所谓“樱桃好吃树难栽”，主要难点之一在于适宜砧木的选择。栽培上使用的甜樱桃苗木一般通过嫁接培育，嫁接苗的根系部分称为砧木。甜樱桃砧木品种的选择非常关键，适宜的砧木品种，首先要求与甜樱桃嫁接亲和性好、繁殖容易、固地性好、对土壤等立地环境有较强的抗性和适应性，还要求能够提高樱桃产量、品质、促进提早结果、使树体矮化等。

我国生产中常用的砧木品种主要有中国樱桃、山樱桃、酸樱桃、马哈利樱桃和杂种樱桃等，下文分别进行介绍。

一、中国樱桃（*P. pseudocerasus*）

中国樱桃起源我国长江流域，在四川、安徽、江苏、浙江、江西、山东、陕西、甘肃、河南、河北、北京等地均有栽培。中国樱桃为小乔木，树高5～8米，树干暗灰色，新梢青绿色。叶片暗绿或鲜绿色，多为卵圆形，具短茸毛。果实小，红色或黄色，果皮薄，肉软多汁，风味甜，不耐贮运。采用扦插、压条、分株或播种繁殖。

（一）草樱桃

分布在山东省烟台等地，为灌木或小乔木，树干暗灰色。树势强健，树冠开张，分生根蘖的能力极强。自花结实能力强。分株或扦插繁殖易成活，每年每亩可出砧苗4 000～5 000株。草樱桃主根不发达，属浅根系，固地性差，遇大风易倒伏。须根发达，有气生根。与甜樱桃品种嫁接亲和力强。种子出苗率高，进入结果期早。种子实生苗抗病力弱，病毒病较重。

草樱桃共有3种类型，即大叶草樱、中叶草樱和小叶草樱。大叶草樱桃的叶片大而厚，叶色浓绿，叶片长椭圆形，叶缘复锯齿状，叶脉深。大叶草樱桃分枝少，枝条粗壮，节间长。相对来说，根系分布深，细根少，粗根多，固地性较好一些。抗逆性强，寿命较长。与甜樱桃品种嫁接成活率高，一般可达95%以上。枝条较硬，直接扦插不易成活，可压条繁殖。

图3-1 草樱桃生长状 （李淑平提供）

据青岛市农业科学院果茶研究所研究，大叶草樱桃的耐涝性不如吉塞拉5号和吉塞拉6号。烟台市芝罘区农业技术推广中心调查表明，因降雨引起的涝灾造成樱桃园死树的现象普遍发生，其中大叶系中国樱桃的死树率达22.3%，而小叶系中国樱桃的死树率更是高达30.8%，而毛把酸和考特砧的甜樱桃树死树率低于4.5%。

（二）对樱桃

对樱桃（图3-2）原产北京，分布在海淀、门头沟等区、县。砧木苗根系发达，生长健旺，较抗根瘤病，与甜樱桃嫁接亲和力较好。嫁接树无大小脚现象，经济寿命长。采用扦插、压条、分株法繁殖，种子繁殖出苗率低。

图3-2 对樱桃

二、山樱桃（*P. serrulata*）

分布在辽宁省本溪、凤城、宽甸，吉林省的集安、通化等地。主要产地为辽宁省本溪市，故又称本溪山樱桃。山樱桃属于高大的乔木，30年生大树树高可达20米以上。树冠半开张，枝条粗壮，生长健壮，结果早。叶片长椭圆形，叶柄上有暗红色蜜腺，叶片较大，叶色深绿。在产地4月下旬开花，6月中、下旬果实成熟。果实红紫色或黑紫色。我国山樱桃种质资源丰富，种子繁殖容易，幼苗生长快，嫁接成活率高，一般可达到70%～90%。嫁接苗生长健壮，嫁接树结果早，抗寒力强，耐瘠薄，但抗涝性差。适宜在微酸性土壤上生长，不耐盐碱，华北地区种植嫁接树黄化现象严重。

图3–3　山樱桃

（一）本溪山樱

本溪山樱（图3-3）按果实大小、枝条软硬可分为两种。一种为大果软枝型本溪山樱，这种类型的本溪山樱果实为紫红色，长圆形，味道偏酸，枝条稍软，与甜樱桃嫁接亲和力很好，“小脚”现象轻。另一种类型为小果硬枝型本溪山樱，果小，果皮为黑紫色，圆形，味道偏甜，枝条稍硬。这种类型与甜樱桃嫁接小脚病较重，死树率高。造成小脚病的主要原因是砧木与接穗生长不一致，砧木生长缓慢，而接穗生长迅速，出现上粗下细的“小脚”现象。幼树期间还无太大影响，进入盛果期后，易出现早衰现象，从而缩短果园经济寿命。

（二）青肤樱（又称青叶樱）

青肤樱是山樱桃的变种，为日本甜樱桃的主要砧木，在我国辽宁省大连等地也曾经采用。青肤樱为小乔木，分生根蘖的能力极强，枝干为灰绿色；叶有大小两种类型，黄绿色或暗绿色，叶缘锯齿较粗，齿尖端为针状；叶柄略带红色。青肤樱一般采取扦插法繁殖，也可用压条、分株法或种子繁殖。青肤樱的优点是繁殖容易，与甜樱桃嫁接亲和力高，在土质疏松肥沃的土壤上根系及地上部分发育良好。缺点是不耐寒；不耐贫瘠，在黏重或沙性大的土壤上表现出明显的浅根现象；不耐旱；固地性差，不抗风；常发生早衰现象；对根头癌肿病、根朽病、紫纹羽病的抵抗力较低。

三、野生甜樱桃（*P. avium*）

又称马扎德（Mazzard）樱桃，是甜樱桃的野生类型，原产欧洲，在欧洲用作甜樱桃的砧木已有2 000多年的历史，并且仍然是欧美各国广泛采用的甜樱桃和酸樱桃砧木。野生甜樱桃树体高大，长势旺盛，果实小，味苦涩，不能食用。在我国甜樱桃产区，如北京、河北昌黎、辽宁大连等地也有少量应用。通常用种子繁殖，并且实生砧木苗变异小。砧木苗生长旺盛，树势强健，与甜樱桃的嫁接亲和力强，嫁接成活率高。嫁接苗树体高大，产量高，寿命长，抗寒，较耐贫瘠和黏重土壤，较抗根腐病。嫁接树早果性较差。

一些国家从马扎德中筛选出了适合本地区使用的种子繁殖系，以提高嫁接树的产量、早果性、抗性等。还选育出了采用无性繁殖的无性系马扎德砧木，如英国东茂林实验站选出的F.12/1，采用压条、绿枝扦插、根插等方式繁殖。F.12/1比马扎德实生繁殖苗生长还旺盛，但和甜樱桃、酸樱桃嫁接亲和性都非常好。

四、马哈利樱桃（*P. mahaleb*）

原产于欧洲中部地区，是欧美各国广泛采用的甜樱桃和酸樱桃砧木。马哈利樱桃木质坚硬，耐磨性好，在欧洲还用作生产上等家具。马哈利樱桃为小乔木，树体生长旺盛，树冠开张，新梢细而且皮薄（图3-4）。果实7月份成熟，果个小，黑色或黄色，不能食用。叶片小，椭圆形，深绿色，具光泽。根系发达，固地性良好，抗风能力强，耐旱，耐盐碱，但不耐涝，适合在壤土和沙壤土中栽培，在黏重土壤中生长不良。马哈利樱桃常用种子播种繁殖，出苗率高，砧木苗生长旺盛，播种当年即可嫁接。马哈利樱桃与甜樱桃嫁接亲和力强，嫁接树结果早，产量高，果实大，抗逆性强。但在北京地区，马哈利樱桃萌芽晚，越冬抽条较严重。

野生的马哈利樱桃遗传多样性丰富，在叶片、树性、长势等方面变异很大。人们对马哈利砧木进行了大量筛选，获得了很多优系，生产中一般以这些优系作为砧木使用。

图3-4　马哈利樱桃嫩梢及生长状

五、酸樱桃（*P. cerasus*）

酸樱桃（图3-5）为小乔木，原产欧洲，是甜樱桃和草原樱桃的天然杂交种。在欧洲及美国栽培广泛，果实主要用于加工，少数品种可以鲜食。酸樱桃砧木苗多用种子播种、扦插、组织培养等方式繁殖。酸樱桃根系发达，主根粗壮，细长根较多，须根少而短。与甜樱

图3-5　酸樱桃结果状

桃品种的嫁接亲和力很强，嫁接植株生长旺盛、丰产、寿命长。但不抗根瘤病。我国山东烟台历史上多用酸樱桃品种毛把酸实生播种苗作为甜樱桃砧木繁育甜樱桃嫁接苗。

六、杂种樱桃

通过樱属植物不同种之间的远缘杂交技术，成功培育了一些杂种樱桃作为甜樱桃和酸樱桃的砧木，在世界主要樱桃生产国推广应用。部分砧木已经引入我国，如考特、吉塞拉等。

（一）考特（Colt）

考特（图3-6）是英国东茂林试验站利用甜樱桃和中国樱桃杂交育成的第一个甜樱桃半矮化砧木。考特分蘖生根能力很强，根系发达，抗风能力强，扦插繁殖或组织培养繁殖容易，与甜樱桃品种嫁接亲和力强，嫁接成活率高，接口愈合良好，无“大小脚”现象。嫁接苗结果期早，花芽分化早，果实品质好，早产早丰。考特的不足之处是易患根瘤病，抗旱性差，也不宜栽植在黏重土壤、透气性差及重茬地块。

图3–6　考特植株生长状

（二）吉塞拉系（Gisela）

德国育成，现有17个号，其中5号（图3-7）和6号（图3-8）在我国开始小面积试种。吉塞拉5号和吉塞拉6号均为酸樱桃和灰毛叶樱桃的杂交后代，根系发达，抗寒性强，抗病毒病，能诱导早花早果，同大多数甜樱桃品种亲和，嫁接后2～3年开始结果，是世界上广泛试栽的矮化砧木。吉塞拉5号嫁接树树体大小只有乔化砧F.12/1（马扎德樱桃）甜樱桃树的30%～60%，吉塞拉6号不如吉塞拉5号矮化，但耐涝耐旱。吉塞拉5号和吉塞拉6号一般采用扦插、组织培养方法繁殖。

图3-7　吉塞拉5号植株

图3-8　吉塞拉6号新梢及生长状

（三）兰丁系（Lan Ding）

兰丁系是北京市农林科学院林业果树研究所通过远缘杂交选育的砧

木优系，与甜樱桃嫁接亲和力好，目前仍然处于区域试验阶段，可以引种试栽。兰丁1号和兰丁2号是甜樱桃和中国樱桃杂交育成。兰丁3号是酸樱桃和中国樱桃杂交育成。

兰丁1号原代号F8（图3-9），新梢青绿色，叶片大而绿，卵圆形，具短茸毛。秋季老叶深绿或蓝绿色。生长旺盛，根系深且发达，根蘖少，固地性好；较抗盐碱，抗褐斑病，耐根瘤，土壤适应性强；嫁接亲和力好，“大小脚”现象不明显；嫁接树枝条开张，幼树成花早。图3-10是以兰丁1号为砧木嫁接雷尼后长成的植株。兰丁2号原代号F10，与兰丁1号相似，但生长量和叶片略小，扦插繁殖更容易。兰丁3号原代号H10，嫁接树枝条开张程度不如兰丁1号和2号，但比兰丁1号和2号的嫁接树矮化，成花更早，有轻微“小脚”现象。

图3-9　兰丁1号

根癌病一直是我国樱桃栽培中的顽症，是分布很广的一种侵染性病害，发病日趋严重，甚至全园遭受病害的侵染。除了在生产中注意防治外，选择和培育抗根癌病的樱桃砧木是解决根癌病危害的根本途径。因此，北京市农林科学院林业果树研究所在兰丁系列砧木的选育过程中，把抗根癌病能力作为一个评价砧木性状的重要指标。将根癌病农杆菌接种到吉塞拉5号、对樱、CAB、兰丁1号（F8）、兰丁2号（F10）和兰丁

3号（H10）上60天时，观察其发病率，表3-1表明砧木兰丁1号（F8）和兰丁3号（H10）抗根癌病的能力较强。

图3-10 雷尼／兰丁1号5年生植株生长状

表3-1 根癌农杆菌接种到樱桃砧木上60天时的发病率

品系	接种数	发病数	发病率（%）
吉塞拉5号	31	15	48.40
对樱	33	18	54.54
CAB	29	20	68.97
F8	30	9	30.00
F10	31	12	38.71
H10	30	4	13.33

第四章 甜樱桃苗木繁育

生产上使用的甜樱桃种苗一般通过嫁接方式繁殖，嫁接用的砧木可通过无性繁殖（扦插、压条、分株等）和有性繁殖（种子播种）方式进行。中国樱桃、杂种樱桃多采用无性繁殖，山樱桃、马哈利樱桃多采用有性繁殖。

一、扦插繁殖

扦插繁殖是除组织培养外商业生产中使用最多、繁殖效率最高的无性繁殖方法，这种方式生产的砧木苗没有遗传性的变异，个体间整齐一致，但一般没有主根。扦插方法按扦插材料分枝插和根插两种，枝插又分为硬枝扦插和绿枝扦插。扦插方式可采取畦插或垄插。疏松的土壤一般用平畦扦插，黏重土壤可用高垄扦插。

茎段扦插后能否发根、发根多少及快慢是扦插苗成活的关键。影响扦插苗成活的因素与砧木特性、插段积累营养物质的多少、生长调节物质水平有关，还与插段的枝龄和母体树的树龄大小有关；此外，插床的温度、光照、水分、氧气、基质酸碱度等均对插段成活有影响。

（一）绿枝扦插

绿枝扦插（图4-1）由于插条带叶子，这样就可以利用叶子制造的有机营养和产生的植物激素，促进下部伤口生根，同时绿枝细胞容易产生根原基，因此只要条件适宜，绿枝扦插比硬枝扦插容易成活。但樱桃绿枝插条蒸腾量很大，插条剪口分泌的黏液还会进一步阻碍插条木质部的水分运输，从而加剧插条的水分胁迫。因此，保持扦插环境弱光照和高湿度的条件，是樱桃绿枝扦插成败的关键。樱桃绿枝扦插一般要求光照控制在自然光照的50%～70%，温度控制在15～30℃，湿度控制在70%～80%。

在遮阴棚内建设苗床，苗床宽0.8～1.2米，底部铺厚度15厘米左右的粗沙石，上部填满河沙，厚20～30厘米。苗床上方40～50厘米高度处安装弥雾或喷雾设备。为了更好地保湿，苗床上可以加扣塑料薄膜。

扦插在6～9月均可进行，由于不同砧木绿枝扦插适宜的木质化程度有所差别，最适宜的绿枝扦插时间也不尽相同。一般中国樱桃、考特、吉塞拉等在新梢半木质化时的扦插成活率较高，可以于6月初至8月中旬分批次进行，但7月由于温度过高，成活率偏低。

图4-1　绿枝扦插

插条剪成15～20厘米长，仅保留上端完整叶片，下部叶片连同叶柄去掉。插条上端剪成平口，下端斜剪，剪口要求平整。剪好的插条要随时扦插，或立即将基部浸入清水中遮阴待用。扦插前可以采用生长素类生长调节剂（如ABT生根粉、根旺等）处理插条基部，以促进生根。

扦插密度为行株距10～15厘米×5厘米，以不拥挤遮挡为宜。扦插时，先用竹签或木棍打孔，直插与斜插均可，把绿枝插

图4-2　绿枝扦插生根状

入孔内，深度2 ～ 5厘米，培河沙固定插条，用水壶在插条周边冲水，避免形成空腔，确保插条和河沙充分接触。叶片不能接触床面，并保持叶面的清洁。

扦插后白天要间歇喷雾保湿，喷雾用水提前进行晾晒，使水温和苗床土温相近。中午温度过高时打开塑料膜通风，但不能风吹，也不能停止喷雾。晚间可以关闭喷雾设备，盖严塑料膜保湿。插后15天左右插条开始生根（图4-2），15 ～ 20天后，逐渐减少喷雾次数。扦插成活后，移栽到沙土中，沙与土的比例为3 ： 1，并进行喷雾和遮阴。樱桃绿枝插条生根缓慢，9月份以后扦插成活的砧木当年生长量很小，扦插成活的砧木幼苗当年直接大田移栽成活率不高，可以于翌年春天再移栽。

另外，可以直接在塑料营养钵中扦插，基质以河沙为主，插后将营养钵放入苗床生根，生根苗于荫棚中养护，冬季直接覆盖越冬。

绿枝扦插一定要精心管理，如喷雾、降温、遮阴等，稍有忽视即可导致扦插失败。

（二）硬枝扦插

硬枝扦插所用的插条较容易获得，插条贮备养分充足，操作比绿枝扦插简单，对插床的温湿度条件要求相对较低。硬枝扦插的成败与砧木种类关系很大。马扎德、马哈利砧木硬枝扦插成活率很低，一般不用这种方法。中国樱桃、考特用硬枝扦插繁殖相对容易，生产中使用较多。

扦插用的枝条要采自无病虫害的健壮母株，以树冠外围一年生、粗度在0.5厘米以上的枝条为宜。国外常将母株按2 ～ 3米 ×0.3 ～ 1米的行株距种植，专门用以生产插条。插条按每50 ～ 100枝一捆，冬季埋藏，湿沙藏、菜窖内埋藏或室外沟藏均可。

扦插前将插条基部斜剪，顶部平剪，剪成长度10 ～ 15厘米。剪好的插条基部浸蘸生根剂，根旺、生根粉等均可，使用方法参照说明书进行。扦插时，无论畦插或垄插都要先开沟，沟深10厘米左右，行距30厘米，株距8 ～ 10厘米。插条斜插入土中，与地面保持30° 角左右。培土厚度以顶端1 ～ 2个芽露出地面为宜，以利保水并防止抽条。插条插入后埋土前，要充分灌水。插后10 ～ 15天当芽萌动时再灌1次大水。以后则根据土壤墒情和降雨情况30天左右浇1次水，每次浇水后要立即进行中耕保墒。当新梢长到20厘米左右时，结合灌水每亩追施5 ～ 7千克尿素或1 000千克人粪尿以促进幼苗生长。在雨季来临之前要及时沿苗行起垄培土，培土厚度以能埋住新梢茎部为宜，以促进扦插苗分枝生根。入夏以后，加粗生长增强时要追施一次速效性氮、磷肥，促使砧木苗加粗生长，增加当年能够达到嫁接粗度的砧木苗数量。当部分砧木苗木粗度达0.6 ~ 0.7厘米以上时，即可进行芽接。

二、实生繁殖

最好在当地或气候相似的地区采种，选择生长健壮、无病虫危害的成龄树为母株，当果实发育成熟时采收。采收过早，由于种胚不成熟而导致种子发芽率低，播种出苗不整齐。采收也不能过晚，过晚采收会导致种胚退化现象发生，从而影响发芽率。樱桃砧木种子适宜的采收时间等相关参数如下（表4-1）。

表4-1　樱桃砧木种子适宜采收期及相关参数表

砧木种类	适宜采收期	每千克粒数（万粒）	果实出种率（%）	播种量（千克/亩）	嫁接成苗数（万株/亩）
山樱桃	6月中旬	0.9～1.1	10～14	3.5～5.0	1.0
中国樱桃	5月中、下旬	0.5	12左右	4～5	1.0
酸樱桃	5月下旬	0.7～0.9	6左右	3～5	1.0
马哈利樱桃	6月下旬	0.6	20–25	5	1.0
甜樱桃	6月上、中旬	0.4	5～7	5	1.0

采收后的樱桃种子应立即去净果肉，一般是放在水中搓洗。漂浮在水面的瘪种一律去除，这样的种子一般不能出苗。浸沉在水底的成熟种子捞出，在阴凉通风处沥干水分。沥干水分后的樱桃种子要马上进行层积处理，不要干燥贮藏，否则，会严重降低发芽率。

马哈利和马扎德樱桃打破休眠的最佳层积温度是5℃，在这一温度下马哈利樱桃需90 ~ 100天，马扎德樱桃需120 ~ 140天。层积以后的种子在翌年3 ~ 4月气温回升后，要及时取出，并进行室内催芽处理，催芽温度保持在15 ~ 20℃，超过20℃种子发芽将受到一定程度的抑制。当多数种子胚根露白后，即可进行田间播种。

培育樱桃苗的苗圃地以选择背风向阳、土质肥沃、易排能灌的坡地为好。土壤以沙壤土或壤土为宜。砧木苗木出齐后，要及时进行松土并去除过密过弱的幼苗，保持株距3 ~ 5厘米。砧木苗生长期要加强肥水管理，在砧木苗出土至嫩茎木质化前应控制灌水，适当“蹲苗”。当砧木苗长出4 ~ 5片真叶后开始灌水。每次灌水或降雨后要进行中耕保墒，水分过量时要及时排水。当幼苗嫩茎木质化后，每月追施一次速效性氮肥，每次每亩追施7.5千克磷酸二铵或5千克尿素。砧木苗进入缓慢生长期后，要注意控制肥水，使其及时停止生长，增强越冬抗寒能力。

三、嫁接繁殖

甜樱桃的嫁接方法主要有芽接和枝接两类方法。春季嫁接时间一般在4月初至4月底，当砧木顶芽芽尖露白时进行。秋季多采用带木质部芽接，嫁接时间一般在8月底至9月中旬（图4-3）。

图4–3　嫁接育苗

（一）芽接

甜樱桃芽接多采用嵌芽接（图4-4），具体做法是：

图4-4　利用芽接进行高接换优

1. **削接穗**　第一步，取生长充实的新梢，去掉叶片后用嫁接刀在接芽以下2.5厘米处横向深削达木质部（图4-5）。

图4-5　第一刀横削

第二步，在接芽上方1厘米处顺势向下平削到横削处（图4-6）。

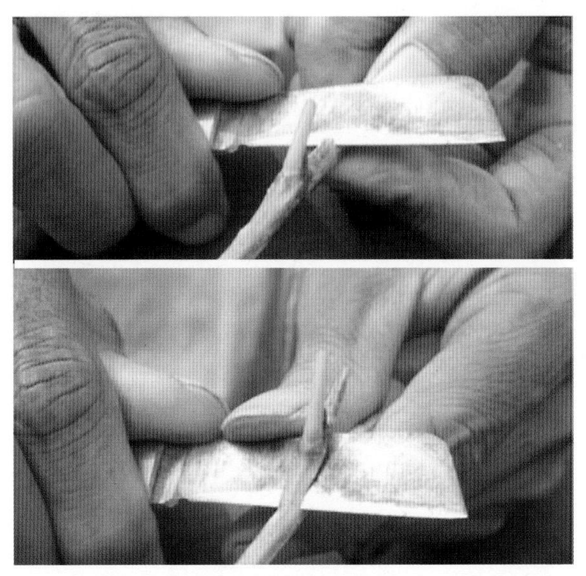

图4-6　第二刀平削

第三步，取下近似长条形的芽块（图4-7）。

图4-7　削好的接穗

2. 切削砧木与接穗接合　在砧木苗距地面5 ~ 10厘米处选平滑部位采用与削接穗相同的办法进行切削，切成深达木质部，长度刚好能容纳芽块为度的接口。将芽块插入到砧苗接口内使芽块与接口吻合，注意使接穗与砧木的形成层对齐（图4-8），但接口上要留少许空间。然后包严绑紧，仅露出芽和叶柄（图4-9）。

图4-8　切削砧木与接合

图4-9　绑　缚

芽接注意事项：

（1）芽接最适时期在北京地区一般是8月下旬至9月上旬，平均气温25℃左右时进行，如果砧木是吉塞拉系列应适当提早到8月中旬开始。

（2）接穗一定选用当年生发育充实、芽体饱满的枝条，秋梢、摘心后发出的二次梢以及二年生枝条作接穗均影响嫁接成活率。

（3）接穗削面要长，略带木质部即可，不要带过厚的木质部，否则容易导致流胶、“皮活芽不活”、翌年萌发抽枝后死亡等现象。

（4）绝大部分适宜育苗的地区，接芽裸露可正常越冬。因此，绑缚时，尽量不要将芽包裹在内，若包裹在内要注意不要过紧，以防因接芽成活后迅速生长，绑缚过紧而导致芽体受损。此外，绑扎完毕，绳结一定在接芽上方0.5 ~ 1厘米以上处，便于萌发后剪砧时解绑，不要将绳结打在芽下方。

（5）与桃、苹果、梨等树种不同，接后1周叶柄正常脱落并不意味着嫁接成活，一般接后15 ~ 20天可检查嫁接是否成活，此期接活的芽具有光泽，并且芽体明显膨大，如果芽体发黑，没有生长的迹象，则表明芽未成活，需及时补接。

（6）冬季寒冷地区为防止冻害及抽条，应用细土将嫁接苗埋上。

（7）甜樱桃在嫁接期间不宜灌水，也要避开雨季，以免流胶严重而影响接口愈合。如果春季干旱，可于嫁接前7天灌足1次透水即可，嫁接后2周内不再灌水。

（8）春季接芽萌发后，应及时进行剪砧和解绑，对于砧木上的萌芽要及时清除，以保证接芽正常生长。

（二）枝接

甜樱桃枝接常用于大树的高接换头、修复枝冠、恢复树势等。与芽接相比，枝接需要较多的接穗，要求砧木有一定粗度，且操作不易掌握，故应用不如芽接广泛。目前常见的枝接方法有劈接、切接、插皮接等。

1. 劈接（图4–10）

切砧木：通常将砧木在光滑无节疤处剪断或锯断，用刀削平剪锯口后，再把劈刀放在砧木中心，轻轻捶打刀背，切入砧木

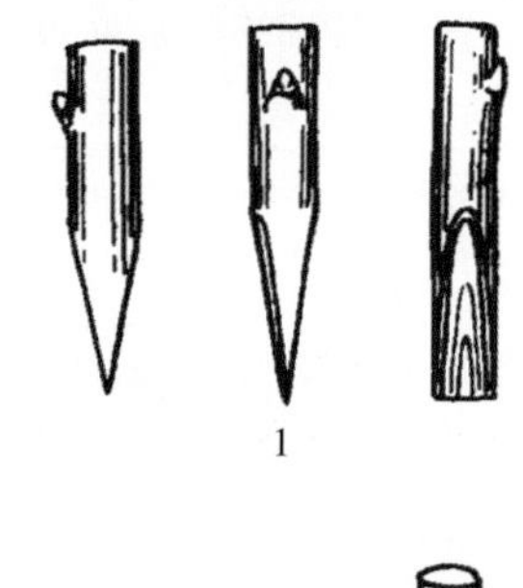

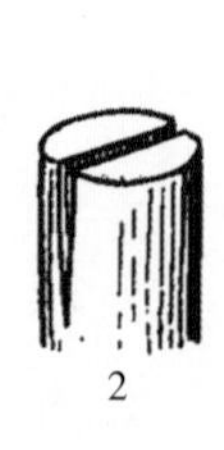

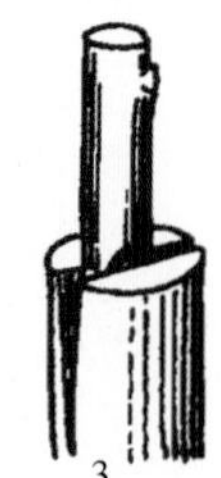

图4–10　劈接示意图
1.削接穗　2.切砧木　3.结合

3～4厘米。注意剪锯砧木时，至少要保证在剪锯口下5～6厘米内无节疤，留下的树桩表皮光滑，纹理通直，否则劈纹扭曲，嫁接不易成活。

削接穗：将接穗剪成5～6厘米长、留2～3芽的枝段，在距下芽3厘米处两侧削成一个对称的楔形削面，削面长2～3厘米，要求削面平直光滑，并保持接穗的一侧稍厚于另一侧。只有这样，接穗与砧木才能接合紧密，成活良好（图4-12）。

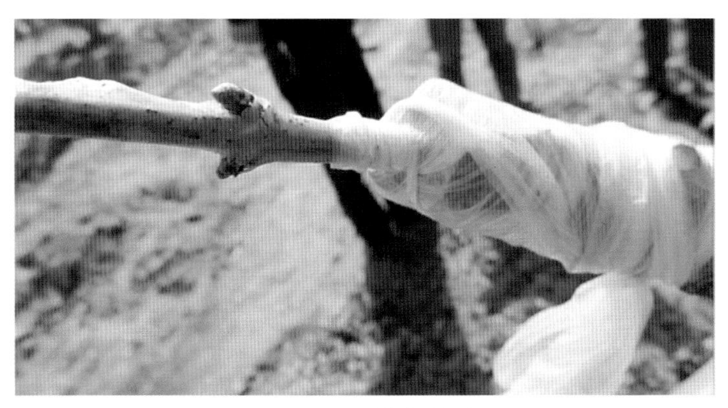

图4–11　劈接绑缚后

接合：撬开砧木劈口，将接穗轻轻插入，使接穗厚侧在外，薄侧在内，注意使接穗和砧木外侧的形成层对齐，并且要使削面外露0.5厘米左右。较粗的砧木最好插两个接穗。最后将切口和劈缝用塑料条包严（图4-11），包扎时不要碰动接穗。

图4–12　劈接嫁接口愈合状

为保证成活，可在接穗绑牢后，选大小适宜的塑料袋将接穗、接口全部套住，袋顶与接穗顶端相距3厘米，然后扎紧袋口，以保持接口的湿度和温度，促进愈伤组织形成和嫁接成活。当接穗萌发、新梢顶到塑料袋时，可以割破袋顶，使新梢继续生长。

2. 切接（图4–13） 切接适用于根径粗变1～2厘米的砧木坐地嫁接。接穗一般留3～4个芽，长5～8厘米。削接穗时在其下端削一长一短两个削面，长的约3厘米，短的约1厘米；切砧木时，将其在距地面3～4厘米处的光滑处剪断，在切面的一侧用刀向下直切，深2～3厘米；结合时将接穗长削面朝向砧木髓中心的方向插入砧木，并至少使形成层的一侧对齐，最后用塑料条包扎（图4-14）。北方寒冷地区还要埋土防寒。

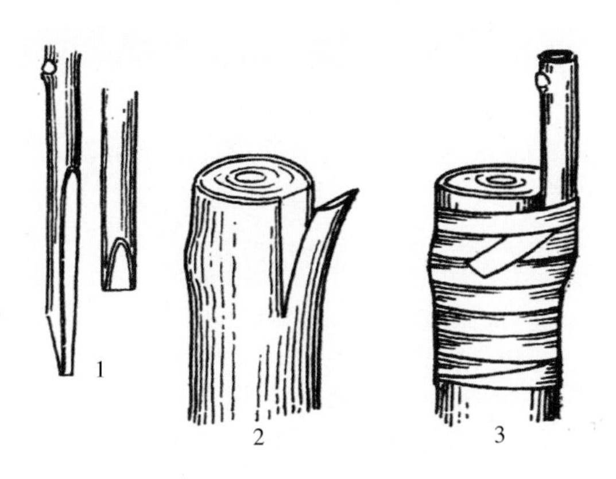

图4–13 切接示意图
1.削接穗 2.切砧木 3.绑缚

图4–14 切接绑缚后

3. 插皮接（图4–15） 插皮接是枝接中应用最广泛的一种方法，操作简便、迅速，容易掌握。

切砧木：选光滑无节疤处将砧木剪断或锯断，并削平切面边缘，以利嫁接愈合。

削接穗：在接穗下端削一长3～5厘米的长削面，对面削一短削面，使下端成一楔形，留2～4芽剪断接穗，顶芽留在长削面的对面。砧木的粗度决定接穗楔形的尖削程度，一般砧木较粗时，楔形面越长，尖度越大，以免接穗插入砧木后引起皮层与木质部间的过大分离和绑扎不严。

接合：在砧木切口边缘选一皮层光滑处划一2～3厘米长的纵切口，深达木质部，将树皮向两边轻轻挑起，把接穗对准皮层切口中央，长削面对着木质部，在砧木皮层与木质部之间插入，露白0.5厘米左右，以利于愈合。每个砧木插接穗数依砧木粗度而定，粗的多接，细的少接。插好后绑缚（图4-16）。

甜樱桃在嫁接期间不宜灌水，也要避开雨季，以免流胶严重而影响接口愈合。如果春季干旱，可于嫁接前7天灌足1次透水即可，嫁接后2周内不再灌水。

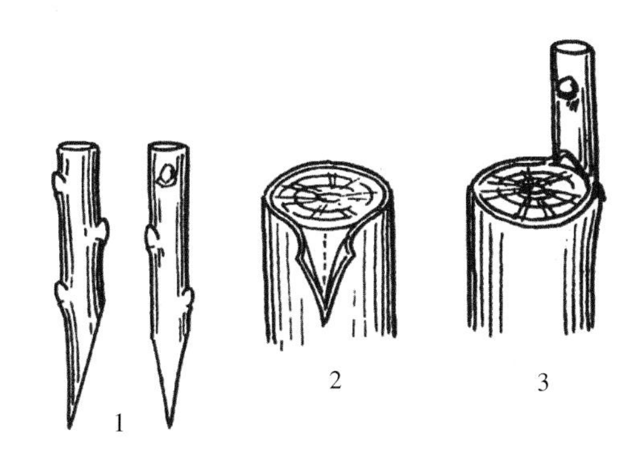

图4-15　插皮接示意图
1.削接穗　2.切砧木　3.结合

图4-16　插皮接绑缚后

第五章

甜樱桃生长发育特点和适宜种植的环境条件

一、甜樱桃的生长发育特点

甜樱桃树体高大，生长健旺，干性强，自然生长可达7～8米，原产地甚至生长到30米高。幼年期长，进入结果期晚，一般定植后5～6年结果，7～8年进入盛果期；矮化砧木嫁接苗定植后一般3年结果，5年进入盛果期。

（一）芽

甜樱桃的芽按在枝条上的着生部位分为顶芽和腋芽，按性质分为花芽（图5-1）和叶芽（图5-2）。顶芽都是叶芽，腋芽单生（一个叶腋只生一个腋芽），可以是叶芽，也可以是花芽。盛果期树的中、长果枝前端的芽多为叶芽，后端则多为花芽，短果枝和花束状果枝的腋芽一般均为花芽。在形态上，花芽短粗，中间鼓，呈长卵圆形，位于枝条的下部；叶芽瘦长，呈圆锥形或宽圆锥形，位于枝条的上部。在春天，花芽一般早于叶芽萌动。

樱桃的花芽为纯花芽，一个花芽中含1～5朵花，多为2～4朵花。花芽不能抽生枝条和生长出叶片，只能开花结果，结果后留下疤痕，在枝条下部形成一小段光秃带。叶芽只能抽生枝条或展叶，不能开花结果。

樱桃的芽为离生，芽体与其着生的枝条间的夹角较大，芽尖与枝条分离。这一特点对苗木包装和运输很重要，因为在操作过程中容易将芽碰落，造成光秃带。

樱桃的叶芽萌芽率很高，除生长旺盛的生长枝基部少数发育不良的腋芽外，一般均可萌发。

樱桃的腋芽还具有早熟性，当年形成的腋芽在植株生产旺盛时或摘心处理后，当年即可萌发，形成二次梢。

在发育枝的基部和春秋梢之间的盲节处，叶腋间或叶痕处存在不容易观察到的腋芽，它们是潜伏芽或称隐芽（图5-3）。潜伏芽发育程度很低，多为瘪芽，第二年不能正常萌发，呈潜伏状态。樱桃的潜伏芽寿命很长，可达10～20年。当潜伏芽受到外界刺激（如重剪回缩等）时，可以萌发而生长出发育枝，这是樱桃树骨干枝和树冠更新复壮的基础。

图5-1　樱桃的花芽

图5-2　樱桃的叶芽

图5-3　樱桃的隐芽萌发状

（二）枝条

带有叶片的当年生枝条称为新梢。新梢在秋季落叶后到第二年萌芽前这一段时间称为一年生枝，一年生枝萌芽后为二年生枝，以此类推，这是按枝龄对樱桃枝条进行分类。此外，樱桃的枝条还可按其性质分为发育枝和结果枝两类。

樱桃的发育枝着生大量的叶芽，没有花芽。用于扩大树冠，形成骨架，并增加结果枝的数量。

结果枝按枝条长度可以划分为长果枝、中果枝、短果枝和花束状果枝（图5-4）。长果枝长度为15 ～ 30厘米，除顶芽和上部的腋芽外，其余均为花芽。中果枝长度5 ～ 15厘米，除顶芽和先端几个腋芽外，其余均为花芽。短果枝和花束状果枝长度在5厘米以下，这类果枝腋芽均为花芽，仅顶芽为叶芽。花束状果枝与短果枝的主要区别是花束状果枝更短，仅1 ～ 2厘米，花芽密集呈簇生状，难以区分节位。甜樱桃的花束状果枝寿命很长，可达10 ～ 12年，但生产的果实大小和品质会逐年下降。

叶芽萌发后，新梢开始生长，持续1 ～ 2周，进入开花期，新梢生长减缓，甚至逐渐停止生长，继而发育成短果枝或花束状果枝。花期后，新梢进入迅速生长期，当果实进入硬核期，新梢生长开始减慢，部分枝条逐渐停止生长，大约到6月中旬前后，新梢生长停止。这一阶段所生长的新梢称为春梢。7月中旬前后，强旺的新梢开始迅速地生长，形成秋梢，秋梢生长可持续到8月中、下旬，甚至更晚。

图5–4　樱桃的结果枝

（三）叶片

叶片的主要功能是光合作用和蒸腾作用。树冠上叶片的整体称为叶幕，叶片总面积和树冠下投影面积的比值称为叶幕系数。

樱桃单个叶片的叶面积一般为65 ~ 68厘米^2，最大可达135厘米^2(图5-5)。随着新梢的生长，树体的总叶面积迅速扩大，并与4℃以上的积温（日均气温累加值）正相关。蒙特莫伦斯酸樱桃的短枝叶面积在萌芽后20 ~ 30天接近最大值，长枝则可增长60天甚至100天才趋于稳定。

图5-5　甜樱桃的叶片

甜樱桃叶片的光合速率高于苹果、欧洲葡萄、柑橘。樱桃叶片在发育到接近全大时，单位面积的光合速率最高，大约维持2周或更长时间开始下降。在17 ~ 30℃温度范围内，樱桃叶片随着温度的升高光合速率加快。在较低的温度下，樱桃的光合速率高于桃，而在较高的温度下则相反。

（四）花

甜樱桃的开花物候期可以划分为如下几个阶段（图5-7)。开花初期：指全树有5%左右的花开放的时期。开花盛期：指全树有50%左右的花开放的时期。开花末期：指全树有75%的花正常脱落的时期。

图5-6　樱桃的花

图5-7　樱桃开花过程

樱桃树一般当日均气温达到15℃时开花，花期可持续1 ~ 2周。不同品种的开花期不同，约相差5 ~ 7天。花期早晚还与树龄、树势、果枝类型有关。一般幼龄树的花期晚于成龄树，旺树的花期晚于弱树，长枝的花期晚于短枝。

（五）果实

樱桃果实的发育一般需经历3个阶段（图5-8）。①第一次快速生长期：从盛花期开始，持续10 ~ 20天，果实迅速膨大，果核体积增长到接近成熟时大小，此后，果实大小几乎停止增长。总体而言，果实的细胞分裂在盛花期前后最为旺盛，此后细胞分裂逐渐减弱，而细胞的体积增长逐渐加强，到硬核期时，由细胞生长产生的果实体积增加已经超过了细胞分裂所增加的体积。盛花后，子房中形成果核的部分生长迅速，尤其是胚乳的发育最为旺盛，无论是细胞分裂还是细胞生长都十分活跃，直至进入第二期即硬核期。相对而言，子房中形成可食部分的中果皮在此期只是缓慢增长。②硬核期：接近正常大小的果核开始木质化，果实在外观体积上几乎停止增长的时期。这一时期，果实外观变化很小，子房中形成可食部分的中果皮的发育几乎停止，而此时形成果核的组织却非常活跃。核壳木质化，硬度逐渐增大，颜色由白色变为褐色。种胚发育迅速，胚乳被吸收，种子形态基本建成，所以此期也称为胚发育期。该期需要10 ~ 20天，品种间差别较大，早熟品种所需时间短，晚熟品种所需时间长，被认为是控制果实成熟期的关键时期。③第二次快速生长期：果实体积和重量迅速增大，直至果实完全成熟。此期历时15天左右，果实体积和重量增长约占采收时果实的50% ~ 70%，果实生长的主要原因是细胞体积和重量的增加、细胞间隙的加大。树体当年的管理水平对此期的影响很大，充足的肥水供应与合理的叶面积是实现丰产优质的关键。

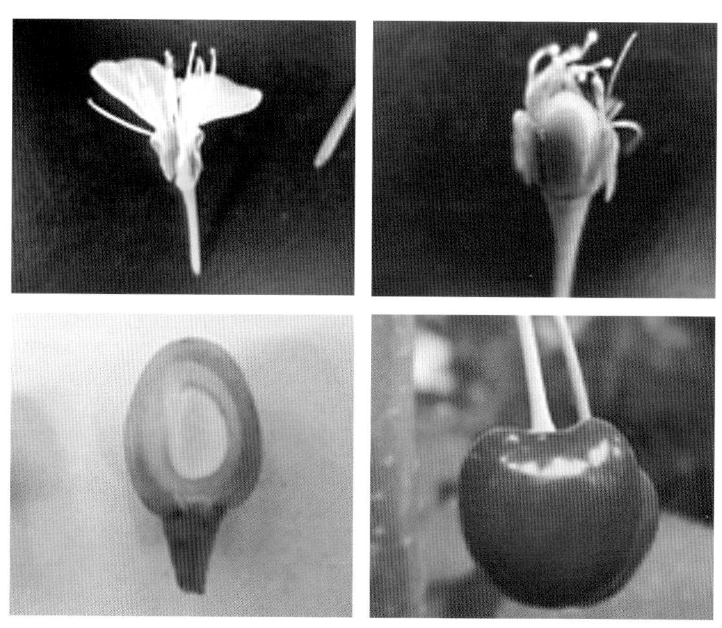

图5-8　樱桃不同发育时期的果实

（六）花芽分化

虽然花芽在春季开放，但花芽的形成在前一年的夏季已经开始。花芽的形成一般经历3个阶段，即生理分化期、形态分化期和开花期。

在生理分化期，芽内的生长点首先从叶芽的生理状态转变为花芽的生理状态，这种变化都是在细胞生理生化水平进行的，通过形态解剖观察不到什么变化。生理分化期决定了叶芽能否转变成花芽，是花芽分化的关键时期，对内外条件十分敏感，容易改变代谢的方向，故又称花芽分化临界期或花芽诱导期。目前，还不清楚樱桃花芽分化诱导期开始的确切时间，根据其他果树的研究，大约是形态分化期前一周或更早的时间。

形态分化通过形态解剖能够观测到，樱桃花芽的形态分化大约从新梢停止生长时开始。形态分化开始后1个月左右，花芽的外部形态已经与叶芽明显不同，花芽体积已接近入冬时的大小。形态分化开始后，花芽内部的形态变化一刻也没有停止，逐渐分化出花蕾和花器官的原始体，直到冬季落叶进入休眠期。

在硬核期，花束状果枝和短果枝停止生长，腋芽开始膨大，并分化为花芽。在果实采收后，春梢生长停止，被认为是樱桃花芽形态分化盛期，并可一直持续到7月中、下旬。

在休眠期，在花芽内部观察不到形态方面的变化。当休眠期过后，随着气温的逐渐升高，花芽需要继续发育，建成完整的花器官，直至花蕾开放。

（七）根系

甜樱桃的根按照发生部位的不同可分为主根、侧根和不定根3种。主根是由砧木种子的胚根发育形成的，主根发达，分布深，粗壮。主根上发出的分枝和分枝的分枝称为侧根。不定根是在扦插、压条等无性繁殖方式中由枝条基部的根源基产生的，这种根系分布浅，主根不明显，甚至没有主根。由种子繁殖形成的根系称为实生根系，由不定根发育而成的根系称为茎源根系，茎源根系没有实生根系发达。

图5–9　十年生酸樱桃砧木根系

甜樱桃根系的生长发育和分布特点取决于砧木类型、繁殖方式、立地条件和栽培管理措施。土壤质地是影响根系形态的重要因素，土层深度和土壤管理则显著影响根系的分布范围及深度。

中国樱桃砧木主根不发达，主根被几条粗壮的侧根或称骨干根代替，须根发达，水平分布范围广，但在土层中分布浅，固地性差。据调查，中国樱桃在冲积性壤土中，一般分布在5 ~ 35厘米的土层中，以20 ~ 35厘米深的土层中分布最多。马哈利樱桃、马扎德樱桃、山樱桃、酸樱桃（图5-9）主根较发达，根系分布较深。据调查，以毛把酸为砧木的那翁成龄树，根系分布深度达70厘米，80%的根系分布范围在20 ~ 40厘米。

二、甜樱桃适宜的环境条件

（一）温度

甜樱桃喜温暖而不耐严寒，适宜种植在年平均气温10 ~ 12℃的地区。一年中要求日均温10℃以上的天数在150 ~ 200天以上。

不同物候期对温度有不同的要求。萌芽期适宜的温度是10℃，开花期为15℃，果实成熟期为20℃。

年均气温10℃以下的地区种植樱桃的主要限制因素是冬季温度过低和晚霜危害。冬季气温在－20 ~ －18℃时甜樱桃即发生冻害，在－25℃时，可造成树干冻裂，大枝死亡。地温在晚秋－8℃以下、冬季－10℃、早春－7℃以下时，甜樱桃的根系会遭受冻害。冬春季宾库樱桃芽的抗寒性见下表（表5-1）。

表5-1　美国华盛顿州普洛萨地区宾库樱桃芽的平均冻害温度（℃）

芽发育期	10%致死温度	50%致死温度	90%致死温度
休眠期	－35～－14.3(年份不同，差异很大)		
芽膨大期	－11.1	－14.3	－17.2
芽侧见绿	－5.8	－9.9	－13.4
芽尖吐绿	－3.7	－5.9	－10.3
花蕾接触	－3.1	－4.3	－7.9
花蕾分离	－2.7	－4.2	－6.2

（续）

芽发育期	10%致死温度	50%致死温度	90%致死温度
第一次白花期	－2.7	－3.6	－4.9
初花期	－2.8	－3.4	－4.1
盛花期	－2.4	－3.2	－3.9
落花期	－2.1	－2.7	－3.6

甜樱桃在年平均气温15℃以上的地区，要选择能满足甜樱桃休眠期对低温需要的地方并选择短低温的品种。另外，这些地区在生长季往往高温多雨，枝条徒长，病害严重。花芽分化初期的高温天气还会抑制花芽分化，产生大量畸形花，如双子房花等，来年形成“双生果”。

甜樱桃休眠期需要经过一定的低温阶段才能正常发育，不同品种对0 ～ 7.2℃低温的需要量不同（表5-2），一般为600 ～ 1 500小时。

表5-2 甜樱桃低温需求量

品 种	0～7.2℃需求时间(小时)
Royal Lee	500
雷 尼	600～800
宾 库	900
法兰西皇帝	1 300
早伯兰特	1 300
先 锋	1 350
海德芬根	1 400

（二）水分

甜樱桃适宜于年降水量600 ～ 800毫米的地区生长，对水分的需求总体上与苹果、桃相似，但相对更适宜冬春多水、夏秋少水的条件。

水分由高水势向低水势流动。土壤含水量为最大田间持水量时的土壤水势约为－0.1兆帕，含水量为永久萎蔫点时的土壤水势约为－1.5兆帕。

樱桃根系从土壤中汲取水分，从叶片表面蒸发水分到大气中的过程称为蒸腾作用。蒸腾失水量由叶片气孔、大气蒸腾势、土壤水势、树体水流阻力等因素决定，气孔是树体主动调节蒸腾失水量的关键器官。樱桃的蒸腾失水在夜间接近于0，而在午间失水高峰时能达到每小时每平方厘米叶片失水1克以上。对应的叶片水势约为夜间－0.5兆帕到午间的－2～－1.5兆帕。在晴天，当土壤含水量接近萎蔫点时的叶片水势为－3～－2.5兆帕，此时气孔完全关闭，最大程度地阻止水分散失。

樱桃根系生长和吸收活动需要充足的氧气，并且对根部缺氧十分敏感。土壤水分过多和排水不良，都会造成土壤氧气不足，影响根系的正常吸收，轻则树体生长不良，重则造成根腐、流胶等涝害症状，甚至导致整株死亡。若土壤水分不足，会影响树体发育，形成"小老树"，导致产量低，品质差。

樱桃采收前，当土壤含水量为总有效水分的40%～60%时应该灌溉，以免影响树体和果实的正常生长发育。果实采收后适当控制灌水是有利的，并且不会降低来年的产量和品质。

（三）土壤

甜樱桃属于浅根树种，主根不发达，适宜种植于土质疏松、不易积水的地块，以保肥保水良好的沙壤土或沙质壤土为好，土层深度为80～100厘米。

甜樱桃耐盐碱能力较差，适宜种植于微酸性的土壤，pH为6.0～7.5，含盐量不高于0.1%。

樱桃对重茬较为敏感，樱桃园间伐后，至少应种植3年其他作物后才能再栽樱桃。

（四）光照

甜樱桃为喜光树种，全年日照时间应在2 600～2 800小时。对光照的要求仅次于桃、杏，比苹果、梨更严格。

（五）地形地势

甜樱桃适宜种植于丘陵和平原不易积水的地区，低洼地易受低温、积水等危害，不易种植。

第六章 甜樱桃配套栽培技术

一、建园技术

（一）樱桃品种选择搭配

1. 品种选择 选择品种时，首先要考虑品种的经济性状，选择个大、质优的品种。其次，选择适宜当地气候条件的品种，如雨水多的地方需要考虑品种的抗病性、抗裂果能力。最后根据地理位置、市场情况综合考虑早、中、晚熟品种的搭配比例。

2. 授粉树配置 除考虑品种的经济性状外，还应该注意配置授粉树。甜樱桃除少数品种外，种植单一品种只能开花却不能结果，该现象称甜樱桃自交不亲和现象。通常甜樱桃果园授粉品种配置不少于30%，并且花期相遇（表6-2列出了部分品种在北京地区的开花时间表，供生产者参考），这样才能实现优质高产的栽培目的，获得极高的经济效益。可以通过种植较多的品种，使3 ～ 4个以上的不同品种相互搭配授粉。

并非所有的品种组合都能够相互授粉。大量的研究表明甜樱桃的自交不亲合现象由基因组S位点控制，每个甜樱桃品种均含有2个S等位基因，如果2个品种的2个S等位基因相同，则不能相互授粉。表6-1列出了部分品种的S等位基因，只有选择位于不同组，S等位基因不完全相同的品种进行组合才能相互授粉。凡含有S4’的品种为自交亲和品种，可以单一品种结果，同时又可以作为其他品种的授粉树。

表6–1 部分甜樱桃品种的S基因型和自交不亲和群组

群组	基因型	品种与来源
第1组	S1S2	砂蜜特(Summit)^EM, BC, NY, BJ^，大紫（Black Tartarian）^BC^
第2组	S1S3	先锋（Van）^AH^，Early Star^BJ^，Lala Star ^EM^，Gil Peck^KY^，Techlovan^BJ^

（续）

群组	基因型	品种与来源
第3组	S3S4	那翁（Napoleon）[EM, BC, NY, MI,BJ]，宾库(Bing)[EM, BC, NY,BJ]，红丰[BJ]，Ulster[EM, BC, NY]，Münchebergi Korai[BJ]，Solymàri Gombölyu[BJ]
第4组	S2S3	Vega[EM, BC, NY,BJ]，Rubin[BJ]，Linda[BJ]
第5组	S4S5	Turkey Heart[EM]
第6组	S3S6	佐藤锦(Sato Nishiki)[KY,BJ]，选拔佐藤锦[BJ]，红蜜[BJ]，早露[BJ]，黄玉(Governor Wood)[EM,NY,BJ]，南阳（Nanyo）[KY]，柯迪亚（Kordia）
第7组	S3S5	海德芬根（Hedelfinger）[EM,BC,MI,BJ]
第8组	S2S5	Vista[BC]
第9组	S1S4	雷尼（Rainier）[EM, BC, NY, BJ]
第10组	S6S9	晚红珠[BJ]
第11组	S2S7	早紫（Early Purple）[KY,MI]
第12组	S2S4	萨姆（Sam）[EM,NY]，Schmidt[EM, BC, NY]，Vic[EM, BC, NY]，Katalin[BJ]，Margit[BJ]
第13组	S1S5	Big．Dragon[BJ]
第14组	S5S6	Colney[EM,AH]
第15组	S3S9	伯兰特(Bigarreau Burlat)[EM, BC,MI,BJ]，红灯[BJ]，抉择[BJ]，莫莉(Bigarreau Mereau)[EM,BJ]，红艳[BJ]，早红宝石[BJ]，美早[BJ]
第16组	S4S6	Elton Heart[BC,BJ]，Merton Glory[EM,KY]，佳红[BJ]
第17组	S1S9	丰锦(Yutaka Nishiki)[BJ]，友谊[BJ]，奇好[BJ]，早大果[BJ]，极佳[BJ]，Valerij Cskalov[BJ]
第18组	S4S9	龙冠[BJ]，巨红[BJ]，早红珠[BJ]
自交可育组	S1S4’	拉宾斯(Lapins)[BJ]，塞莱斯特(Celeste)[BC,BJ]，甜心（Sweet Heart）[BC,BJ]
	S3S4’	斯坦拉(Stella)[BJ]，艳阳(Sunburst)[BJ]

[AH] 德国Ahrensburg；[BC] 加拿大British Columbia；[BJ] 北京市农林科学院林业果树研究所；[EM] 英国东茂林实验站；[KY] 日本Kyoto；[MI] 美国密歇根；[NY]：美国纽约。

表6-2　北京地区部分甜樱桃品种花期表[a]

品种名称	初花期[b]（月．日）	盛花期[b]（月．日）	盛花末期[b]（月．日）
早露	4.4	4.7	4.13
彩虹	4.5	4.7	4.13

（续）

品种名称	初花期[b]（月.日）	盛花期[b]（月.日）	盛花末期[b]（月.日）
红蜜	4.4	4.7	4.14
Skeena[c]	4.7	4.8	4.16
红艳	4.6	4.8	4.13
雷尼	4.6	4.8	4.16
早红宝石	4.6	4.8	4.13
Celeste[c]	4.8	4.9	4.16
红灯	4.6	4.9	4.16
龙冠	4.7	4.9	4.15
奇好	4.7	4.9	4.15
友谊	4.7	4.9	4.15
早大果	4.7	4.9	4.15
早丹	4.8	4.9	4.16
伯兰特(Big.Burlat)	4.8	4.9	4.15
晚红珠	4.6	4.9	4.15
早红珠	4.6	4.9	4.16
巨红	4.6	4.9	4.14
抉择	4.7	4.9	4.15
拉宾斯	4.6	4.9	4.15
先锋	4.7	4.9	4.17
甜心[c]	4.9	4.10	4.16
丰锦 (Yutaka Nihiki)[c]	4.8	4.10	4.16
佳红	4.8	4.10	4.17
美早	4.8	4.10	4.17
莫莉	4.8	4.10	4.16
斯坦拉	4.8	4.10	4.15
宇宙	4.8	4.10	4.17

（续）

品种名称	初花期[b]（月.日）	盛花期[b]（月.日）	盛花末期[b]（月.日）
芝罘红	4.9	4.10	4.16
布鲁克斯[c]	4.10	4.11	4.16
红手球	4.9	4.11	4.16
极佳	4.8	4.11	4.17
雷吉娜(Regina)[c]	4.9	4.11	4.17
砂蜜特	4.9	4.11	4.15
佐藤锦	4.9	4.11	4.16
黑马苏德(Mashad Black)	4.9	4.11	4.17
红南阳	4.11	4.12	4.17
柯迪亚(Kordia)[c]	4.11	4.12	4.19
Germsdorfi[c]	4.10	4.13	4.17
Hadelfinger[c]	4.10	4.13	4.16
艳阳(Sunburst)[c]	4.10	4.13	4.17
Sylvia[c]	4.11	4.13	4.19
Techlovan[c]	4.11	4.13	4.18

注：[a]　以2008年和2009年北京市农林科学院林业果树研究所调查数据为基础进行整理而成；[b]　初花期为5%的花开放，盛花期为25%的花开放，盛花末期为75%的花开放；[c]　仅为少量幼树的调查结果，与成龄树的开花时间可能差异较大。

（二）园地规划

在充分了解园址的自然气候条件、农业设施和人文环境状况后，对选择的园址要进行合理规划，规划出生产区和非生产区。生产区就是樱桃种植区，所占比例不应少于70%～80%；非生产区包括房屋、道路、排灌水系统和防风林等，房屋、道路、排灌水系统应根据实际需要进行设置。

防风林主要设在迎风口，方向与风害方向垂直，宽度以8～10米为宜。防风林的防护范围约为防风林高度的20倍，它能降低风速，增加果园空气相对湿度，提高春季气温，减轻晚霜和低温对果树的危害。

（三）栽植密度

平地果园定植密度采用行株距4 ～ 5米×2 ～ 3米，每亩种植44 ～ 83株。山地和丘陵地果园种植密度可适当加大些。

（四）整地

在平地果园栽植甜樱桃最好使用起垄栽植（图6-1），这样既可防止雨水积涝，又能有效地增加土壤透气性，提高根部温度，加速樱桃苗的生长发育。山地和丘陵地果园要修筑梯田，走向因地势而异，并翻耕、耙平。

平地起垄栽植果园的整地方法：

平地果园垄栽，垄向以南北方向为宜，定植前先依照株行距延行向挖宽1米、深0.8 ～ 1米的沟。挖沟时将表土和底土分开放置，挖好后及时施肥回填，有机肥施用量每亩3 ～ 5吨。先于沟底填30 ～ 50厘米厚的秸杆和原土层的混合物，踏实，再回填表土和有机肥，表土和有机肥要混匀，填满后踏实，此后灌水，待土下沉后再使用混有有机肥的表土起垄，垄高20 ～ 40厘米，垄底宽1.2 ～ 1.5米，垄顶宽0.8 ～ 1.0米。

若人力紧张，也可只挖定植穴，要求挖1米见方、深0.8 ～ 1米的定植穴（图6-2），其余措施可参考上述整地方法。此外，还可以用挖掘机进行机械化挖掘定植沟（图6-3，图6-4）。

图6–1　平地起垄栽植樱桃园

图6–2　挖定植穴，表土和底土分开放置

图6-3　挖掘机挖掘定植沟

图6-4　在定植沟中施入有机肥

（五）苗木处理

选用生长健壮、根系发达、枝芽充实饱满、无病虫害的合格苗木，这样的苗木种植后缓苗快，生长健壮，开花结果也早。弱苗定植后生长缓慢，进入丰产期也晚，如管理不善还容易成为小老树，严重影响樱桃的产量和品质。

购买的苗木如果不能马上定植时，要进行假植。选背风蔽荫处，挖30～50厘米深的假植沟，将苗木根系放入沟中斜靠在沟坡上，用湿土埋住苗根，边埋边抖动苗干，然后踏实，苗上覆盖秸秆或棉被等防风防寒。在定植前，将苗木从假植沟中取出，浸水12小时，使小苗吸足水分。此后修剪根系，大根剪出新茬，并去除裂损烂坏的部分，然后沾生根粉和K84菌液，以促发新根，防治樱桃根癌病。

（六）定植

定植时期：多于春季土壤解冻后定植，适当晚植（苗木萌芽前）有利于提高成活率。

按照计划好的种植密度，用白灰或树棍标出定植点的位置，以定植点为中心于垄上挖30厘米左右见方的小坑，将处理好的苗木垂直放入坑内，要求苗木原土印与垄面相齐。把根系舒展开来，缓缓将挖出的土填入，边填土边踏实，同时将苗木轻轻上提，使根系与土壤密接，培土略高于垄面，踏实后灌水。待水渗下去以后，对下沉、歪斜的苗木进行纠正，重新培土。

（七）定植后管理

1. 定干　定植灌水后，地面稍干，就要及时定干。根据计划采用的树形要求确定定干高度，甜樱桃多采用纺锤形整形，一般定干高度80 ~ 100厘米左右（图6-5）。剪口下30 ~ 40厘米为整形带，芽必须饱满。定干时剪口与第一芽距离要稍大，以防该芽失水抽干或影响生长。为减缓顶端优势，可以将剪口芽下方10厘米内的芽抹除。

2. 覆盖地膜 定植后等地面稍干，就可以整平树盘，在垄上覆盖地膜。地膜以稍厚的黑色地膜为好，可以有效地减轻杂草生长，同时有利于保持土壤水分，提高地温。

3. 套塑料膜筒 为防止早春苗木风干以及金龟子等食叶类害虫的危害，定干后，可以在苗干外套塑料膜筒（图6-6）。塑料膜筒长度比干略长，上口封严，在苗干的中部和下部各绑一道绳，以防漏气跑湿和被风吹坏，膜筒底端埋入土中以接地气。待发芽展叶后，先打开上口通风，以后随着枝叶的生长，选择阴天逐步解除膜筒。

图6–5 定植后定干

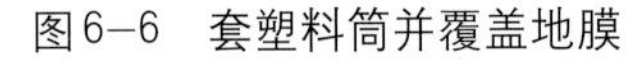

图6–6 套塑料筒并覆盖地膜

二、整形修剪技术

整形修剪就是要让树体结构和框架布局合理，生长健壮，发育均衡，并保证果园和树体的通风透光，以提高果园的生产效率和经济寿命，实现早果、优质、丰产、壮树的栽培效果。

整形修剪技术措施与所采用的树形、树龄、砧木和品种等密切相关，另外还与当地的气候特点、土壤的肥沃程度、采用的灌溉措施等有关，不可完全生搬硬套，惟有灵活运用，不断摸索，才能取得理想的效果。

（一）整形修剪相关的术语

1. 主干　从根颈以上到着生第一个分枝的部位的树干。

2. 树冠　主干以上的整个树体部分。树冠由各种枝类组成，分为中干、主枝、侧枝、发育枝、结果枝等。

3. 中干　树干以上，在树冠中心向上直立生长的骨干枝，又称为“中央领导干”。

4. 主枝　从中央领导干上分生出来的大枝，是树冠的主要骨架。

5. 侧枝　从主枝上分生出来的，具有一定位置、方向和角度的最末一级骨干枝，其长势、长度都低于主枝。

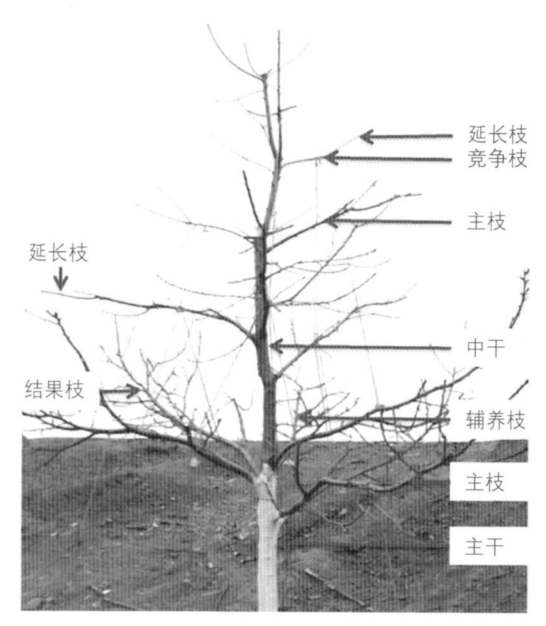

图6-7　纺锤形树体结构

6. 骨干枝　中央领导枝、主枝、侧枝都是树冠的骨架，称为“骨干枝”。

7. 辅养枝　从骨干枝上分生出来的，作为临时补充空间用的，并用来辅养树体增加产量的枝叫“辅养枝”。

8. 背上枝　在水平枝或斜生枝背上萌发的枝条，多直立生长，这一类枝条称为“背上枝”（图6-8）。

9. 徒长枝 一般由潜伏芽萌发而成，直立且生长旺盛不易成花的枝条称为“徒长枝”(图6-9)。

10. 竞争枝 与剪口下第一芽枝粗度、长势近似的枝条，通常为第二芽枝（图6-10)。此类枝条处理不好，往往扰乱甜樱桃的树形。

11. 发育枝 一年生枝条腋芽和顶芽都是叶芽的叫“发育枝”(图6-11)。

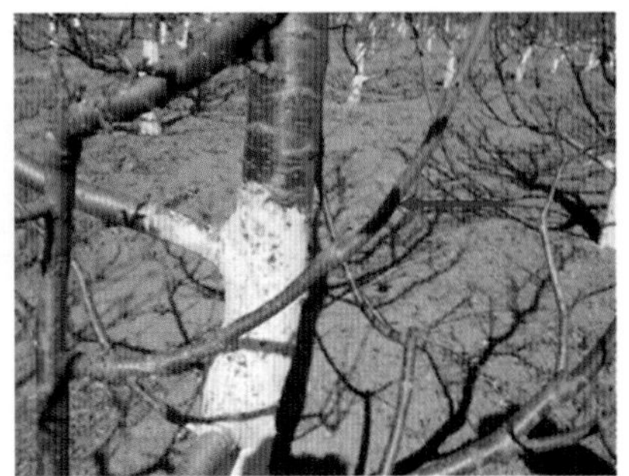

图6–9 徒长枝

图6–8 背上枝

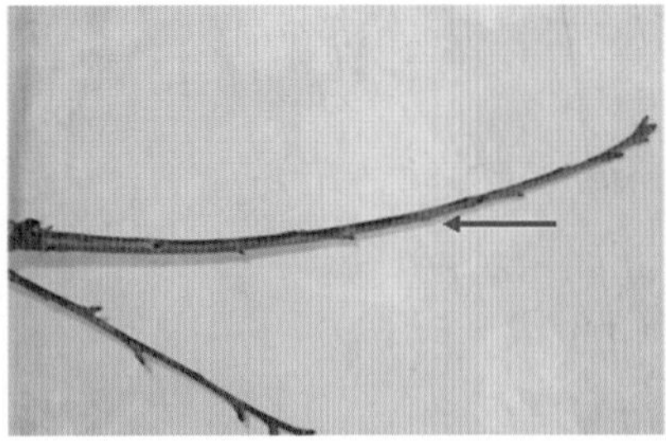

图6–11 发育枝

图6–10 竞争枝

12. 结果枝　着生花芽的，并能正常开花结果的枝条称为“结果枝”。甜樱桃的结果枝按长度的不同可分为长果枝、中果枝、短果枝和花束状果枝（图6-12）。

长果枝：长度15 ~ 30厘米，基部腋芽为花芽，顶芽及中上部芽均为叶芽。结果后，基部光秃，上部则继续抽生不同长度的果枝。一般在初果期树上比例较大。

中果枝：长度5 ~ 15厘米，除顶芽和前端的几个芽为叶芽外，其余芽均为花芽。不是樱桃的主要结果枝类型。

短果枝：长度在5厘米左右，除顶芽为叶芽外，其余芽均为花芽。在二年生枝中下部较多，花芽质量高，坐果力强，果实品质好。

花束状果枝：长度极短，年生长量极少，除顶芽为叶芽外，其余芽均是花芽。节间极紧凑，芽密集簇生，是甜樱桃盛果期时的最主要结果枝类型，花芽质量好，坐果率高，是丰产稳产的保障。花束状果枝寿命可维持7 ~ 10年以上。

13. 结果枝组　由若干个结果枝组成大小不等的结果枝组（图6-13）。结果枝组按大小可分为大型结果枝组（图6-14）、中型结果枝组（图6-15）、小型结果枝组（图6-16）。

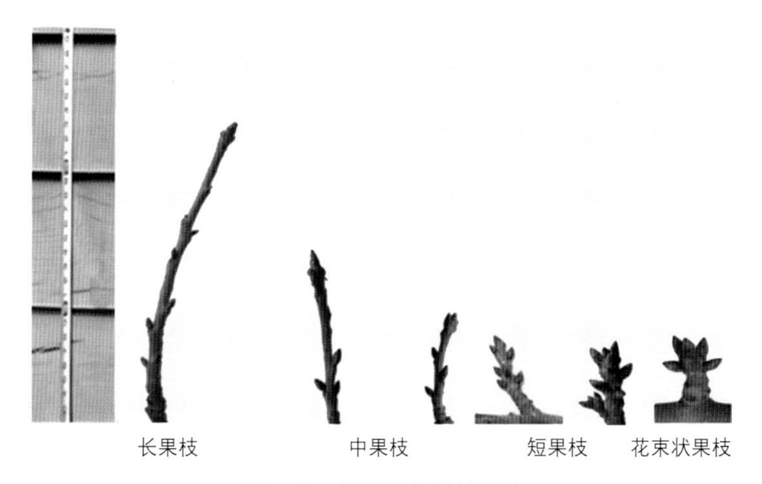

图6-12　樱桃的各类结果枝

图6-13 樱桃各类结果枝着生状

图6-14 大型结果枝组

图6-15 中型结果枝组

图6-16 小型结果枝组

14. 单轴枝组　又称“鞭杆型枝组”，由枝条连年缓放或轻短截，形成主轴明显的以短果枝、花束状果枝为主的细长枝组（图6-17）。

图6-17　单轴结果枝组

15. 芽的早熟性　甜樱桃当年形成的新梢，能连续形成二次和三次分枝，这种特性称为芽的早熟性。利用芽的早熟性，可通过夏剪加速整形，增加枝量，提早进入结果期。

16. 芽的异质性　在甜樱桃一年生枝的上、中、下不同部位着生的芽，其大小和饱满程度均有差异，这种差别叫“芽的异质性”（图6-18）。芽的异质性和修剪关系密切，骨干枝延长头一般剪到饱满芽处，有利于形成壮枝，促进树冠扩大；而剪到春秋稍交界处或新梢基部瘪芽处，则能有效地削弱枝条长势，促进早结果。

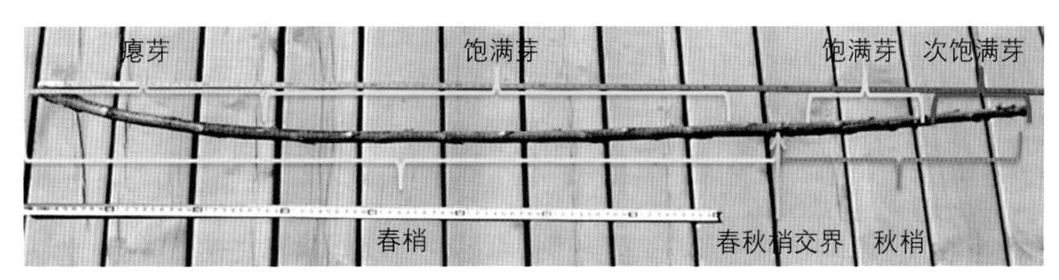

图6-18　芽的异质性

（二）甜樱桃与修剪有关的生长特点

1. 树势强旺，生长量大　在北方落叶果树中，甜樱桃的生长量最大。在乔砧上，甜樱桃幼树新梢当年生长长度可达2米。过旺的营养生长，延迟了生殖生长的发育进程，这是樱桃幼树进入丰产期相对较晚的重要原因。

2. 萌芽率高，成枝力弱　在一年生枝条上萌发芽占总芽数的百分比，叫“萌芽率”。甜樱桃萌芽率高，除基部几个瘪芽外，一年生枝条上的芽在春天几乎都能萌发。一年生枝条上的芽抽生长枝的能力，叫“成枝力”。虽然甜樱桃萌芽率高，但成枝力低，仅先端几个（1 ～ 4个）芽能够长成长枝，下部的芽能抽生成中枝的很少，大多数是极短的仅能萌发几个叶的叶丛枝，而这些叶丛枝与母体的连接不牢固，很容易脱落。

3. 顶端优势强，干性强 枝条顶芽生长抑制腋芽生长的现象称“顶端优势”。甜樱桃顶端、直立、背上的枝条长势很强，而下端、斜生、背下的枝条长势很弱，枝条的两极分化严重，形成优势枝条徒长、劣势枝条干枯脱落、内膛光秃的现象。如何抑制顶端优势、均衡树势、刺激小枝抽生、防止光秃、立体结果是重要的修剪目标。

（三）甜樱桃修剪方法

1. 缓放 对一年生枝不剪截，由于营养相对较分散，从而缓和了树势，故称缓放（图6-19）。缓放相对增加了中短枝的数量，有利于花芽形成。

图6–19 缓 放

2. 短截（图6–20） 短截可分为轻短截、中短截、重短截和极重短截。

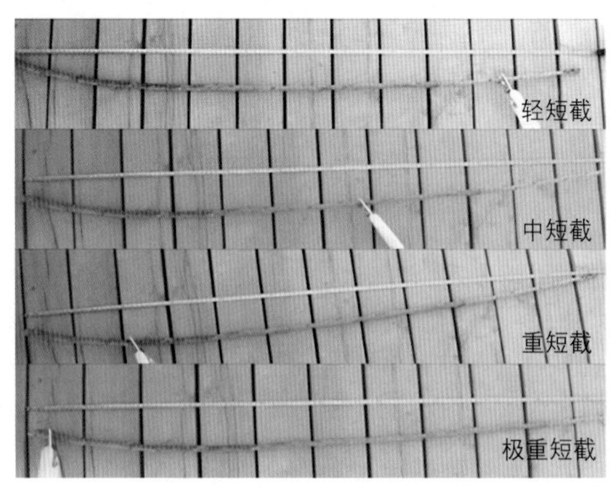

图6–20 短 截

轻短截（图6-21）：剪去枝条前端1/4 ~ 1/3，修剪较轻。与其他短截相比，轻短截削弱了顶端优势，增加了中短枝数量，降低了成枝力，缓和了外围枝的生长势（图6-21）。

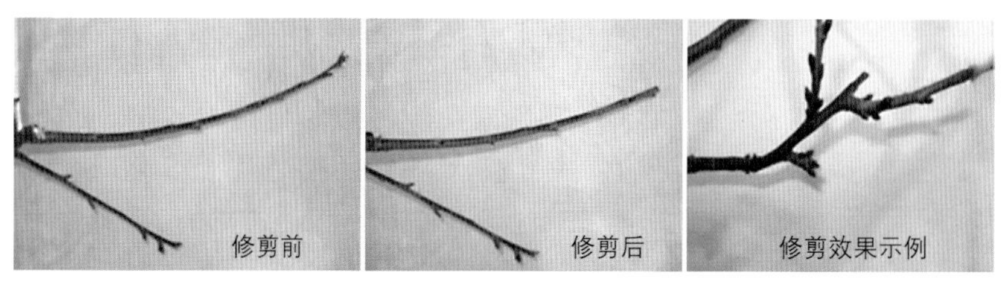

图6-21　轻短截

中短截（图6-22）：剪去1/2左右，剪口下为饱满芽。能够刺激芽的生长，尤其是剪口下端的几个芽，有利于扩大树冠（图6-23）。

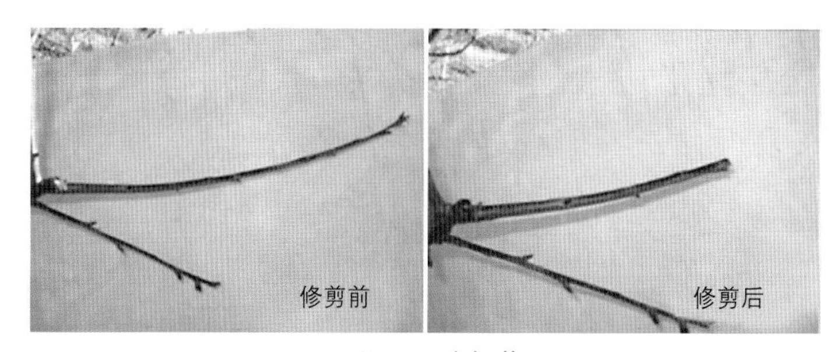

图6-22　中短截

图6-23　主枝延长头中短截效果

重短截（图6-24）：剪去2/3，促发旺枝，增加营养枝和长果枝（图6-25）。

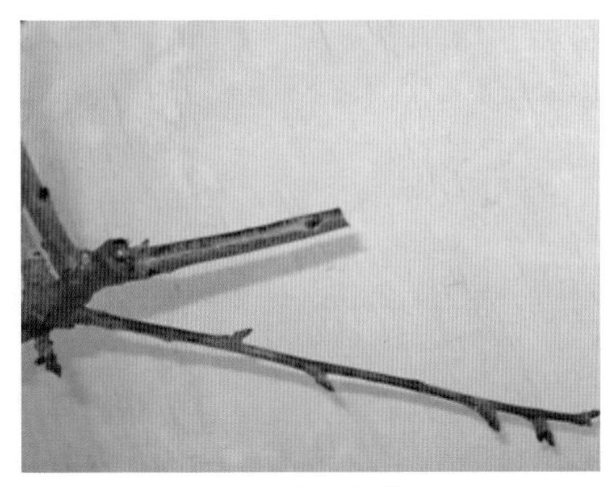

图6–24　重短截

图6–25　重短截效果示例

极重短截：一般剪留5厘米以内，仅保留基部瘪芽，瘪芽发育不良，抽生的新梢长势弱，从而达到控制树冠和培养花束状果枝的目的。在处理竞争枝（图6-26）和促进旺枝成花时常用该方法。

3. 疏枝　对于过旺、过密、扰乱树形的枝条从基部去掉（图6-27，图6-28），以利通风透光，防止内膛光秃。对于粗大的多年生枝，应分次疏除，以免造成难以愈合的伤口，影响树体的生长发育，樱桃树伤口不易愈合，切忌对口疏除大枝。

图6-26　竞争枝极重短截效果

图6-27　疏除竞争枝

图6-28　疏除扰乱树形，影响通风透光的枝条

4. 回缩　剪除多年生枝的一部分，称为回缩（图6-29，图6-30）。回缩主要用于减少结果枝组光秃，和老树、衰弱树或主枝的更新复壮。

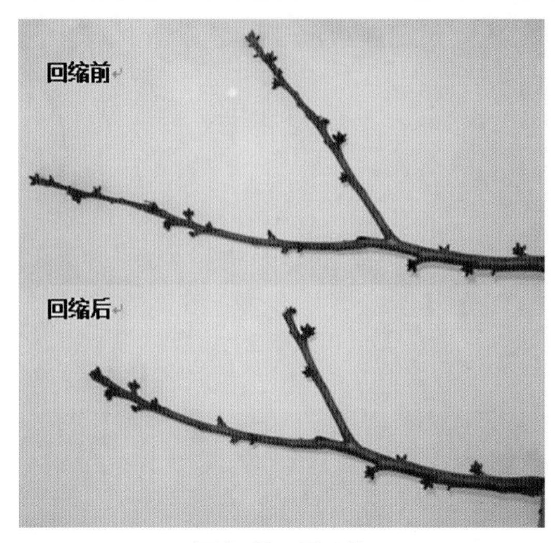

图6–29 回 缩

图6–30 辅养枝回缩

5. 刻芽　芽膨大期，在上方刻伤（图6-31，图6-32），促进伤口下方芽的萌发和所抽生的新梢的生长。刻芽能减弱枝条的顶端优势，促发中长枝。

图6-31　在芽上方0.5厘米处刻芽

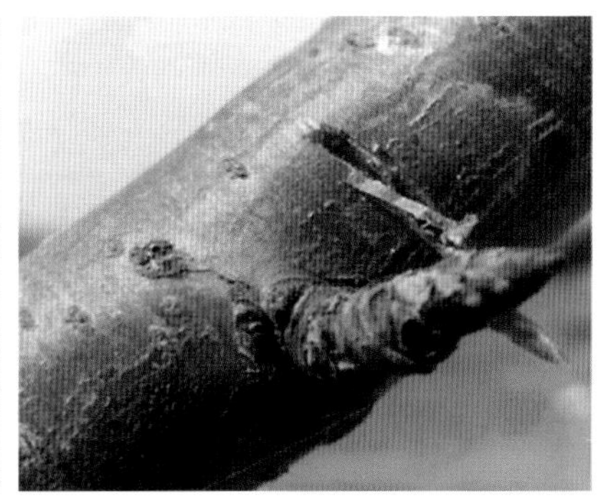

图6-32　刻芽深度2毫米左右，长度1～2厘米

刻芽后，伤口愈合良好，当年可形成花芽，并能持续结果（图6-33，图6-34）。

6. 摘心　生长季摘除新梢梢尖称为摘心。摘心能抑制新梢的延长生长，增加新梢分枝，促进新梢加粗生长。为了增加分枝，当骨干枝（中心干、主枝）延长梢生长到60～80厘米时，去掉先端15～20厘米摘心，全年摘心2～3次；为了形成结果枝，当年新梢留15～20厘米反复摘心，背上枝疏除或极重摘心（图6-35，图6-36），细弱梢和停长梢不摘心。

图6-33　刻芽后第二年开花状

图6–34　刻芽后结果状

图6–35　背上枝摘心前

图6–36　背上枝留5～8片叶摘心

7. 拉枝开角（图6–37，图6–38） 用绳拉、棍撑等办法将枝条的生长角度加大，以缓和生长势，削弱顶端优势，促进下部枝条和芽的生长发育。拉枝开角还能够调节枝条布局，改善树体内膛的通风透光条件，促进内膛枝芽的发育。拉枝开角全年均可进行，一般在春季用牙签撑开新梢的基角，在8月份新梢生长减缓后用绳拉主枝中前部，打开主枝角度。

图6–37　开　角

图6–38　拉枝开角后的树形

（四）甜樱桃的丰产树形

1. 开心形（图6-39） 开心形主干高60厘米左右，没有中央领导干，树高3.0 ~ 3.5米。主干上均匀分生主枝3 ~ 5个，开张角度30° ~ 40°，每主枝上着生5 ~ 6个背斜或背下侧枝，侧枝开张角度50° ~ 60°，侧枝上着生结果枝组。

整形过程：第一年定干高度60厘米左右，当年选择均衡分布的3 ~ 5个健壮新梢为主枝；第二年春季冬剪时主枝剪留1/2 ~ 1/3长度(40 ~ 50厘米)，主枝短截后除先端延长枝和背上枝外，可选留2 ~ 3个生长旺盛的新梢作为侧枝。第三年，根据空间大小继续选留侧枝，培养结果枝组。

图6-39　开心形

2. 小冠疏层形（图6-40） 主干高60厘米左右，具中央领导干，树高3.5米左右。主枝5 ~ 8个，分2 ~ 3层。第一层主枝3 ~ 4个，第二层主枝2 ~ 3个，第三层主枝1 ~ 2个。主枝开张角度45° ~ 60°。层内各主枝间距30厘米，层间距为30 ~ 60厘米。第一层主枝可留1 ~ 2个侧枝，第二层主枝为2个时可留1个侧枝，第三层不留侧枝，直接着生结果枝组。

小冠疏层形的整形过程如下。第一年定干高度80厘米左右，当年选择均衡分布的3 ~ 5个健壮新梢为主枝。领导干长到80厘米左

图6-40　小冠疏层形　　（刘庆忠提供）

右、主枝长到60厘米时摘心，分别剪去先端的15 ~ 20厘米。主枝上促发的分枝选留1 ~ 2个作为侧枝，如无合适新梢，需来年再选侧枝。第二年春季冬剪时，领导干剪留1/2，主枝剪留2/3。在领导干上选择2 ~ 3个方向不与第一层主枝重叠的新梢作为第二层主枝，在第一层主枝上选择1 ~ 2个新梢作为侧枝，主枝上如留2个侧枝则应分布在主枝的两侧。摘心方法同第一年。第三年冬剪后，根据空间情况，可在领导干选留1 ~ 2个主枝作为第三层枝，并完成整个树体骨干枝的整形工作。开张的主枝是通过拉枝完成的，可在秋季8月末进行，也可在春季冬剪后进行。主枝拉枝角度45°，侧枝60°，临时枝80° ~ 90°。

3. 纺锤形（图6–41） 干高80厘米左右，中央领导干直立挺拔，树高3.5米左右或更高，主枝10 ~ 15个，在领导干上不分层而呈螺旋状分布或分2 ~ 3层，主枝上没有侧枝，直接着生结果枝组。主枝开张，角度接近水平，下层80° ~ 90°。主枝细，粗度不应超过着生部位干粗的1/3。

图6–41　纺锤形

纺锤形整形过程简单，整形快，结果早，品质优，高产、稳产，是世界各地普遍推广的树形。定植后80 ~ 100厘米定干，剪后第一芽下1 ~ 3芽去掉，避免形成竞争枝，新梢长20厘米时采用牙签撑开角度。第二年领导干剪留1/2 ~ 2/3，60 ~ 80厘米，去掉第一芽下1 ~ 4个芽；主枝剪留1/3 ~ 4/5，去掉竞争枝和直立枝。第三年继续选留主枝，并保持主枝间的平衡和领导干的生长优势，去掉主枝上的背上枝，保留细弱枝。

4. 超细纺锤形（图6–42） 干高80厘米左右，中央领导干直立挺拔，树高3.5 ~ 4.5米或更高，主枝20个以上，不分层而呈螺旋状分布，下部主枝要密些，第一层达6个主枝，上部稍稀。主枝上没有侧枝，直接着生结果枝组，以中短果枝结果为主。主枝开张，角度接近水平；细而短，粗度不应超过着生部位干粗的1/3，长度不超过2米；主枝连续结果4年后开始重回缩更新。

整形过程和纺锤形相似，但选留的主枝数量很多，主枝不再是永久性骨干枝，而呈动态枝组。

图6–42　超细纺锤形
（张福兴提供）

5. 篱壁形（图6–43） 干高80厘米左右，中央领导干直立挺拔，树高3.5米左右，沿着行向在中干两侧着生主枝，主枝接近水平，固定在铁线上。主枝间距离40～50厘米。结果枝组小，一般长度不超过50厘米。这种树形产量高，可以进行半机械化修剪。

图6–43　篱壁形

（五）不同树龄甜樱桃树的修剪特点

图6-44　幼树修剪示例

1. 幼树的修剪　幼树的修剪目标是尽快完成整形工作，进入结果期和盛果期。

定植后即定干，定干高度比所采用树形的干高高20 ～ 30厘米。加强肥水管理，施用叶面肥，加速新梢生长，一般不疏除主干上萌生的新梢，在生长初期用牙签等将生长直立的主枝和辅养枝新梢基角撑开。当主枝新梢60 ～ 80厘米长时，去掉先端15 ～ 20厘米摘心，促发分枝。

栽后第二年到第四年，修剪特点是冬剪要轻，拉枝开角要大（图6-44），夏剪要勤。春季冬剪选定主枝，骨干枝延长头轻短截或中短截；结果枝组部位的强枝疏除或极重短截，中枝破顶芽或缓放，细弱枝缓放不剪；竞争枝、背上直立枝疏除，下垂枝缓放不剪。生长期修剪对幼树非常重要，如修剪得当，其效果比冬剪还好，成为幼树快速成形，尽早进入结果期的重要措施。生长期修剪以摘心和拉枝为主。

2. 成龄树的修剪　成龄树的修剪目标是延长盛果期年限，保持产量稳定，品质优良，树体健壮。修剪特点是轻重配合、局部调整，抑强扶弱、均衡枝势，回缩临时枝，培养内膛枝。

观测树体结构和空间布局，对于强旺枝和强旺部位，采用多疏除、少短截、拉枝、缓放、保果等措施，缓和生长势；对于弱枝或弱势部位，采用中短截和重短截的办法，刺激生长。控制外围枝，更新主枝头，限制侧枝生长，缩小外围结果枝组大小，打开光路；充分利用内膛徒长枝、背上枝，刺激内膛弱枝生长，培养内膛结果枝组；疏除主干基部的裙枝；回缩临时枝、辅养枝；落头控高，剪除或拉平中心领导干延长头。

3. 衰弱树的修剪　衰弱树的修剪目标是更新复壮，延缓衰老，延长经济寿命。修剪特点是重剪回缩，少疏多截，刺激生长，更新复壮。

衰弱树除骨干枝延长头外，几乎都是中短枝，满树花芽，叶芽很少，营养生长衰弱（图6-45）。充分利用旺枝、旺芽、上位枝、上位芽，将骨干枝回缩到营养生长相对旺盛、叶芽多的部位。大枝疏除要留桩，长度一般30～40厘米，不可一次疏除，这样不但可以刺激隐芽萌发，同时还可以避免大伤口对树体的不良影响。对结果枝组进行回缩更新，应去弱留强，减少花芽数量，增加叶芽比例。重视生长季修剪，加强肥水管理，降低产量，做好树体保护工作，促进营养生长，恢复树冠，重建营养生长和生殖生长的平衡，维持较高的经济栽培价值。

图6-45　衰弱树枝条

三、土肥水管理技术

甜樱桃生长发育所需的养分和水分主要是通过根系从土壤中吸收，土层厚薄、土壤质地、土壤肥力均对甜樱桃树的生长和结果有重要影响。因此，良好的土肥水管理是甜樱桃园早果早丰的基础，也是优质安全生产的基本保障。甜樱桃是对土肥水条件要求较高的树种，管理时应先了解樱桃对土肥水的需求特点并结合果园的立地条件进行具体操作。

（一）土壤改良

1. 果园土壤质地的改良　有些土壤性状是可延续继承的，如土壤质地、坡度和排水状况，耕作和栽培措施很难改变它们。对于土壤质地的常见改良方法主要是深翻熟化、客土等方法。

（1）果园土壤的深翻熟化　深翻结合施有机肥，可改良土壤结构，尤其对改良深层土壤物理性状更为显著。山区、丘陵地果园，土层较薄，土壤质地较粗，保肥蓄水能力差，活土层以下是半风化的母岩，甜樱桃根系向深层土生长困难，易形成小老树，经过深翻后，可以显著加厚活土层，促进根系下扎，使树体能够健康生长。而平原冲积、洪积或滩涂甜樱桃园进行深翻，可以打破底层的黏板层，有利于改善土壤通气、排水状况。

甜樱桃园土壤深翻，宜在气候温和，果树地上部生长缓慢，而根系进入生长高峰期前进行为宜，一般可在春、夏、秋3个季节进行，以在果实采收后或结合秋季施肥进行深翻效果最好。

春季深翻宜浅，黏重土宜春翻，有助于提高地温，应注意的是春季干旱、风大地区不宜进行春翻，以免引起土壤失水过多。夏季深翻在施完采果肥以后进行，此时雨季发根高峰尚未到来，深翻后可促进发根，并增加山区、丘陵地雨季蓄水量，有利于抵抗秋旱。秋季深翻一般结合秋施基肥在8月下旬至9月份进行，此时正值秋季发根高峰，利于伤口愈合并长出新根吸收养分。

（2）深翻扩穴　扩穴是樱桃园土壤管理最基本的工作。如果是挖坑定植，定植后，随着树体的生长，根系一年时间就能长满定植穴，不进行扩穴，会产生“盆栽效应”，限制根系生长。从定植后第一年的秋季开始，每年都要进行扩穴，利用3年左右的时间，把全园扩穴一遍。

每年秋季(9 ～ 10月份)为深翻扩穴改土的最佳时机，此时可结合施基肥进行扩穴。第一年应先在株间进行扩穴，第二年再进行行间扩穴。扩穴应做到新穴边要与原定植坑的边打通，中间不要有隔层，逐步做到株与株之间、行与行之间完全扩通，使根系分布层没有死土层，有利于根系向行间延伸生长。一些深翻施肥后的樱桃园长势仍然不佳，就是因为深翻时没有打破隔层，根系仍被板结土壤固定在原处无法长出来，已失去深翻的作用。樱桃园扩穴时一般挖深50 ～ 60厘米、长80 ～ 100厘米的条形或环形沟。在扩穴时，应注意尽量少伤根，特别是直径1厘米以上的大根，这样有利于根系的生长和树势的恢复。粗度在1厘米以上的根切断后伤口不易愈合，大的伤口也易感染根癌病。

（3）隔行深翻　如果是挖沟定植，可以直接进行隔行深翻。在行间每隔一行翻一行，分两年完成，这样伤根少。深翻在树冠外围开条沟，深60厘米，宽100厘米左右。深翻时，要把表土堆放好。回填压肥时，必须把吸收根处的板结土壤破开，并把表土和较好的肥料放于吸收根周围，只有这样，才能把吸收根引向土壤中生长。

（4）全园深翻　这种方法需劳力多，但翻后便于平整土地，有利果园耕作。樱桃水平根发达，根系较浅，因此翻土要浅，不可过深。对于四年生以上的樱桃园，要禁止全园深翻。深翻后要立即灌水，使根系与土壤紧密结合。如遇干旱要多次灌水，雨多要及时排水，否者容易引起积涝而烂根。

2. 樱桃园覆盖 甜樱桃园覆盖包括覆草和薄膜覆盖，对于改善樱桃园生态条件，改变土壤结构和提高肥力，促进樱桃树的生长发育具有良好的效果。

（1）樱桃园覆草（图6-46） 果园覆草是20世纪80年代初期应用于果园土壤管理的一项新技术，目前全国得到大面积推广。樱桃园实行覆草具有多方面的好处：①覆草使表层土温和水分稳定。夏季可以减轻高温对根系的伤害，冬季可以保暖防冻，特别是对沙地甜樱桃园，因其夏季易热，冬季易冻，覆草更显得重要。覆草还可以减少土壤水分的蒸发，减少甜樱桃园灌水的次数，并能节约用水，这对于春旱的甜樱桃园尤为重要。②有利于土壤微生物的繁殖和分解活动，促进土壤团粒化，提高土壤肥力。③抑制杂草生长。甜樱桃园覆盖可以防止杂草生长，采取覆草法，可抑制树盘内外杂草的生长，既节省了除草所需的繁重劳动，又防止了杂草与甜樱桃树争肥、争水，达到灭草免耕的效果。此外，覆草还能防止山坡地被雨水冲刷。

图6-46 甜樱桃园覆草

甜樱桃园覆草也有其不足之处，即长期覆草的甜樱桃树根系易上返变浅，一旦不覆草，则会对根系造成一定程度的损害。对排水不良果园不宜覆草，否则会使土壤长期湿度过大，引起烂根，早期落叶甚至死树。对这类果园先要解决排水问题，可采取的方法有：适当压沙压土，加厚活土层；覆草前先深翻改土，使根系向深层充分发展；覆草与清耕相间进行，覆草3 ~ 4年后浅翻1次，并清耕两年，使上下层的根都能充分发达。

综上所述，甜樱桃园覆草利大于弊，一定要常年坚持进行。覆草来源可通过园内大量种植绿肥来解决。此外，园内外各种杂草、稻草、麦秆、树叶、粗厩肥等都是良好的覆盖材料。甜樱桃园覆草除雨季外，常年可进行，以夏季为好，旱薄地多在20厘米土层温度达20℃时覆盖。覆草前要先修整树盘，使表土呈疏松状态，覆草时注意新鲜的覆盖物最好经过雨季初步腐烂后再用，如果直接覆盖未经腐熟的草，应同时追1次速效氮肥，一般株施氮肥0.2 ~ 0.5千克，以满足微生物分解有机物对氮肥的需要。避免引起土壤短期脱氮，引起叶片黄化。覆草厚度以常年保持在15 ~ 20厘米为宜。过薄，起不到保温、增湿、灭杂草的作用，过厚则易使早春土温上升慢，不利于根系活动。覆草后在草上分散压土，以防风刮和火灾。果园覆草的数量，局部覆草每亩1 000 ~ 1 500千克，全园覆草每亩2 000 ~ 2 500千克。

（2）地膜覆盖　地膜覆盖对于甜樱桃园具有提高地温、防止幼树抽条、保持土壤水分、减轻裂果以及防治杂草等多方面的好处。一般在每年的11月至翌年6月，对果园采用聚乙烯薄膜覆盖，7 ~ 9月气候炎热，覆盖地膜会使果树根系闷热而生长差，甚至死亡。覆膜可在各类土壤上进行，尤其黏重土壤，覆膜后可显著提高地温，减轻积水。覆膜前应平整树盘，浇一次水，追施一次速效肥，覆膜后一般不再耕锄。对密植栽培的果园应顺行覆盖，稀植果园可以只覆盖树盘。

覆膜时，可根据不同的使用目的选用不同类型的地膜。无色透明地膜透光率高，增温效果最好；黑色地膜可杀死地膜下的杂草，增温效果虽不如透明膜，但保温效果好，在高温季节和草多地区多使用此种地膜（图6-47）；银色反光膜具有隔热和较强的反射阳光的作用，主要是在果实即将着色前覆盖，使果实着色好，提高果实品质。

图6–47　樱桃园覆盖黑色地膜

3. 樱桃园间作与生草　幼龄甜樱桃园可进行行间间作。间作物必须为矮秆、浅根、生育期短、需肥水较少且主要需肥水期与甜樱桃植株生长发育的关键时期错开，不与甜樱桃共有危险性病虫害或互为中间寄主。通过在幼龄果树行间间作草莓、中药材，或夏季套种花生、大豆、绿豆、红豆，不仅可以提高果园的经济收入，还可加速土壤熟化，减少地面水肥流失，促进果树生长，实现用地与养地相结合，达到以短养长的目的。樱桃园最好不间作秋菜，以免加重大青叶蝉危害及引起甜樱桃幼树贪青，造成抽条。同时，还要注意果园内不能连续每年都种植同一种间作物，以免营养失调，给果树生长带来不良影响。还要加强对间作物的管理，在果树需肥水高峰期，及时追肥、浇水，减少间作物与果树竞争肥水。爬长秧的作物，如毛叶苕子、西瓜等，要经常整理茎蔓，防止茎蔓爬上树。

甜樱桃园亦可采取生草制（图6-48），果园生草在发达国家早已普及，并成为果园科学化管理和抗旱栽培的一项基本内容。果园清耕除草，会造成生态退化，地力下降，果实产量和品质降低。生草制所选草类以禾本科、豆科为宜。可选择白三叶草、黑麦草、紫花苜蓿、小冠花、百脉根、扁茎黄芪等与果树争水、争肥矛盾小，矮生匍匐或半匍匐，不影响果树行间的通风透光，青草期长，生长势旺，耐刈割的多年生草种。应因地制宜选用草种：水浇条件好的地区可选用耐阴湿的白三叶，旱地可选用比较抗旱的百脉根和扁茎黄芪。对于幼树园，只能在树行间种草，其草带应距离树盘外缘40厘米左右，作为施肥营养带。而成龄果园，可在行间和株间都种草，树盘下不要种草。一般来说，多数生草，播种后的头一年，因苗弱根系小，不宜刈割。可从第二年开始，当草长到40厘米左右时，就可刈割，每年可刈割3～5次。把刈割下的草可覆盖在树盘上，以利保墒，多年生草一般5年后已老化，并且长期生草后草根大量集中于表层土，争夺养分、水分，使果树表层根发育不良，因此几年后宜翻耕休田1次，休田1～2年后，再重新播种生草。

图6—48　樱桃园行间生草

（二）施肥

1. 甜樱桃树养分需求规律与营养诊断　与其他北方落叶果树相比，甜樱桃生长发育迅速。甜樱桃从开花到果实成熟主要集中在4～6月，仅有40～60天，并且甜樱桃的花芽分化也远较其他果树集中，采果后短期内即开始大量的花芽分化，因此甜樱桃对养分的需求集中于生长季的前半期，此期树体储藏营养和肥力水平的高低，是甜樱桃能否健壮生长和持续丰产的决定因素。

通过测定叶片矿质元素含量可以诊断甜樱桃树的营养状况，并作为科学施肥的依据（表6-3）。

表6-3 甜樱桃叶片矿质元素营养诊断水平

元 素	缺乏	适中	过量
氮(N,%)	<1.7	2.2~2.6	>3.4
磷(P,%)	<0.09	0.14~0.25	>0.4
钾(K,%)	<1.0	1.6~3.0	>4.0
钙(Ca,%)	<0.8	1.4~2.4	>3.5
镁(Mg,%)	<0.24	0.3~0.8	>1.1
硫(S,%)	—	0.2~0.4	—
硼(B,毫克/千克)	<15	20~60	>80
铜(Cu,毫克/千克)	<3	5~16	>30
铁(Fe,毫克/千克)	<60	100~250	>500
锰(Mn,毫克/千克)	<20	40~160	>400
锌(Zn,毫克/千克)	<15	20~50	>70

2. 甜樱桃肥料种类和施肥量 甜樱桃适宜使用的肥料种类主要有有机肥、速效肥和叶面肥三类。有机肥主要作为基肥使用，可以采用堆肥、沤肥、厩肥、沼气肥、绿肥、泥肥、饼肥等农家肥，也可采用商品有机肥、有机复合肥。对于不含有毒物质和盐分的各类食品、鱼渣、骨粉、家禽家畜加工废料、糖厂废料等制成的有机物料肥，须经农业部门登记允许后使用。速效肥主要是化肥，用来满足甜樱桃特定生长发育阶段对特定肥料的需求，以氮、磷、钾肥为主，生产中常用的有尿素、硫酸铵、磷酸二铵、硫酸钾以及各种多元复合肥等。需要注意的是樱桃为忌氯树种，不可使用氯化铵、氯化钾、含氯化物的多元复合肥等肥料。叶面肥除尿素、磷酸二氢钾等外，常用的还有硼砂、氨基酸叶面肥、多元微肥等，主要在樱桃关键需肥期进行肥力补充。

甜樱桃园禁止使用的肥料有：未经无害化处理的城市垃圾，含有金属、橡胶、塑料及其他有害物质的垃圾，未经腐熟的人粪尿以及未获准登记的各种肥料产品。

甜樱桃的施肥应根据树龄及树势合理进行，以尽早形成树冠，进入结果期，从而达到早果、丰产的目的。从理论上讲，施肥量=(果树吸肥量－土壤供肥量）／肥料利用率。肥料营养比例根据土壤营养状况和树体营养水平进行调整，推荐进行测土配方施肥和叶分析施肥。甜樱桃叶分析的氮、磷、钾干重百分比指标分别为2.2 ～ 2.6、0.14 ～ 0.35、1.6 ～ 3.0。

3. 甜樱桃整个生命周期的施肥特点　甜樱桃生命周期不同时期的施肥标准是有很大区别的，按照甜樱桃的生长发育特性，可将其生命周期分为3个时期：幼树期、结果期和衰老期。在幼树期，需要扩大根系和增加分枝，以快速形成树冠为目标，施肥应以氮肥为主。结果期是经济产量形成期，因此保持树体高产稳产，增强树体的抗逆性，提高果品质量，防止树体早衰成为该期树体管理的主要目标。施肥时不但要施足底肥，还要进行必要的追肥，追肥的氮、磷、钾适宜比例为15：15：15。衰老期应以恢复树势为重点，适度促进树体的营养生长，因此要增施氮肥，氮、磷、钾肥比例为15：10：10。

此外，还可根据树体的生长势来确定施肥量或施肥次数，通过调整有机肥及氮、磷比例，将树体的生长量控制在一定范围，合理的树势指标为：幼树外围新梢长度可控制在60 ～ 100厘米，结果期树外围新梢20 ～ 40厘米。

4. 甜樱桃周年施肥特点　根据甜樱桃的需肥特点，甜樱桃在一年中对养分的需求不是一个恒定的值，而是有规律地变化，尤其是生长前期对肥水需求较高。一年中应该注意抓好以下几个关键时期施肥：花前、花期、果实发育初期、采后、秋季。前四个时期以追施速效性肥料为主，追肥量一般不超过全年总用肥量的10％～ 15％。秋季则以有机肥为主。樱桃展叶和开花几乎同时进行，因此花前树体营养水平的高低，会对开花坐果产生很大的影响，此期追肥可以追施人粪尿、果树专用肥或氮、磷、钾三元复合肥等速效性化肥；花期和果实发育初期进行追肥，可以提高坐果率，并促进果实的生长发育，可在盛花期叶面喷施0.3％尿素加0.2％硼砂加600倍磷酸二氢钾液，幼果期土壤追施速效性氮、磷、钾三元复合肥；采果后，因树体已基本将体内养分消耗掉，对花芽分化有不利的影响，此时必须及时补充肥料，此期应追施人粪尿、猪粪尿、豆饼水、复合肥等含营养元素全的速效性肥料；秋季施肥对于促进根系发育、增强越冬能力和提高树体储藏营养水平具有重要的作用。在8 ～ 9月份施入，以发酵腐熟的有机肥为主，必要时可以混施矿质肥料。有机肥最低施肥量2吨/亩。

5. 甜樱桃园施肥方法

(1) 环状沟施肥　在株间相对应的树冠外缘附近开沟施肥。宽30 ~ 50厘米，深60厘米左右，将有机肥和表土混匀填入沟中，底土作埂或撒开风化。环状沟施肥对于幼树株间扩穴，扩大树盘，促进幼树根系扩展具有重要的作用，株间打通后可以采用条沟施肥。

(2) 放射沟施肥　适用于株行距较大的盛果期果园秋施基肥，也适用于土壤追肥。挖沟时，以树干为中心，在树冠下大树距树干1米、幼树距树干50 ~ 80厘米处开始向外挖放射沟4 ~ 6条，沟长超过树冠外缘，向树冠内较浅，向树冠外较深，沟里端深、宽各30厘米即可，外端深、宽各40 ~ 60厘米（图6-49）。用于追肥时，沟深10 ~ 15厘米即可，挖沟的过程中一定要注意不要切断1厘米以上的大根。该方法可以使根系全方位得到更新，能够保证树冠内膛短枝的发育，树体立体结果。

图6−49　放射沟

(3) 条沟施肥　适用于株间打通后的果园施肥，沿行向在树冠投影外缘开施肥沟，宽30 ~ 50厘米，深60厘米，达根系集中分布层稍下即可（图6-50，图6-51）。条沟施肥可以促进根系向行间生长，每年施一侧，下年再施另一侧，逐年轮换并逐渐向外扩展，使根系不断向外延伸。应注意的是条沟施肥每次仅在树冠外围，内膛根系得不到更新，自疏死亡加快，引起内膛粗根光秃。而内膛细根是和树冠内膛短枝高

图6−50　条沟施肥

图6-51　条　沟

度相关的，内膛根光秃必然会加速内膛枝光秃，造成结果部位外移。条沟施肥应与放射沟施肥和全园撒施相结合进行。

（4）撒施　适用于密植和成龄甜樱桃园，施肥时将肥料均匀地撒在地面或树盘，然后翻入土中，深达20厘米左右，注意树盘下不可翻的过深，尤其不能损伤大根，对于盛果期果园，土壤中各区域根系密度均较大，撒施可使甜樱桃树各部分根系都得到养分供应。另外，在生产中经常结合降雨或浇水进行撒施（图6-52）。

图6-52　樱桃园结合浇水进行撒施尿素

（5）根外追肥　根外追肥又称叶面施肥，是将水溶性肥料或生物性物质的低浓度溶液喷洒在叶片上，通过叶片直接供给树体养分的一种施肥方法（图6-53）。这种施肥方法最适合于微量元素肥料的施用或在作物出现缺素症时施肥，对于大量元素肥料，根外追肥可作为一种辅助性手段。根外追肥简单易行，用肥量较少，发挥作用较快，且不受养分分配中心的影响，能满足树体对肥料的急需，迅速改善缺素症状，还可避免某些元素在土壤中的流失、固定及杂草的竞争等，提高利用率。甜樱桃叶片大而密集，极适合进行叶面喷肥。同一张叶片叶背面气孔多，利于吸收和渗透，因此叶面喷肥时要注意多喷叶背。

根外追肥可以与病虫害防治相结合，药、肥混用，但要确保混合后不发生反应时才可混用，否则会影响肥效或药效。施用效果取决于多种环境因素，特别是气候、风速和溶液持留在叶面的时间。叶面喷肥的最适温度为18 ～ 25℃，喷布时间以上午8 ～ 10时（露水干后阳光尚不很足以前）、下午4时以后为宜，中午和刮风天不能喷肥，此时喷肥，肥液很快浓缩，既影响吸收，又易发生药害。阴雨天不宜进行叶面喷肥，如果喷施后3 ～ 4小时下雨，应重新喷施。

图6—53 叶面喷肥作业

根外追肥的关键是浓度，肥料的种类不同、生育时期不同，根外追肥的浓度均不同，生产上应根据实际情况，选用合适的肥料和适当的喷施浓度。进行叶面喷肥前，要先做小型试验，确认不发生药害时找出最大浓度再大面积喷施。樱桃上主要在花前、花后、果实膨大期、采果后等关键时期以及进行缺素矫正时进行叶面追肥。追肥的氮、磷、钾比例为10∶3 ～ 5∶10 ～ 12。常用叶面肥种类及浓度为尿素为0.3%～ 0.5%，草木灰为1%～ 6%，硫酸钾为0.5%～ 1%，磷酸二氢钾为0.2%～ 0.3%，硼砂为0.1%～ 0.3%，硼酸为0.1%～ 0.5%，硫酸亚铁为0.2%～ 0.4%，硫酸镁为0.2%～ 0.3%，硝酸钙为0.5%，硫酸锌为0.1%～ 0.4%。一般每隔10 ～ 15天喷1次，喷施2 ～ 3次即可。

樱桃还可在9月底至10月初以及萌芽前喷施3%尿素，可以有效的增加树体贮藏营养水平，对于开花坐果、减少花芽败育以及促进树体生长等方面具有良好的效果。

（三）水分管理

1. 甜樱桃水分需求规律 甜樱桃的迅速生长主要集中在生长季的前半期，树体养分和水分消耗集中，而此期在我国北方甜樱桃产区又多逢干旱，因此适时灌水对促进萌芽、开花、果实发育和树体早期生长是十分必要的，谢花后至果实成熟前这一段时间，是樱桃的需水临界期。如果水分供应不足，会对产量和品质产生很大的影响。北方夏秋进入雨季，甜樱桃也步入花芽分化期，此期应适度地控制水分，如果水分过多，会影响来年产量，并且导致枝条贪青徒长，容易造成越冬抽条。

2. 甜樱桃灌水原则和方法　甜樱桃根系分布浅，对土壤通气要求高，抗旱、抗涝性差。因此，每次灌水量不宜太多，灌水时应本着少量多次、稳定供应的原则进行，应采取少灌、勤灌的方法，忌大灌、漫灌（图6-54）。

灌水的方法可采取畦灌或沟灌。畦灌即在树冠外围筑起正方形或长方形土埂，树干周围土面积稍高，使干周不积水，该方法还可有效的控制根癌病的传播。现在樱桃树提倡垄栽，灌水时可以实行隔行灌溉，每次只灌垄一侧的行间，逐次轮流灌溉（图6-55）。每次灌水都要适当控制水量，不搞大水漫灌，以免影响根系生长发育。

图6－54　樱桃园大水漫灌

图6－55　樱桃园隔行灌溉

有条件的甜樱桃园，可采取喷灌或滴灌（图6-56），这些先进的灌水方式，既可控制水量，节约用水，又可减少土壤养分流失，避免土壤板结，保持土壤的团粒结构和土壤肥力，还可以增加空气湿度，调节甜樱桃园小气候，减轻低湿和干热对甜樱桃的危害。

图6－56　滴　灌

3. 甜樱桃树灌水时期　甜樱桃树全年灌水可分为花前水、硬核期与膨大期水、采后水和封冻水。

（1）花前水　这次浇水可在萌芽后开花前进行，主要满足甜樱桃前期生长发育（发芽、展叶和开花）对水分的需要。另外，花前水还可降低地温，推迟开花，减轻或避免晚霜对甜樱桃花蕾的危害。

（2）硬核期与膨大期水　硬核期是树体消耗水分和养分最多的时期，必须满足其水分供应。此期水分供应不足，易引起幼果发育不良，甚至早衰脱落，生产中常见的“柳黄落果”现象，往往是由于此期缺水所致。在甜樱桃果实膨大期，灌水与不灌水对果品产量和质量影响很大，这一时期如果缺水，则果实发育不良，产量低，品质差。膨大期浇水的原则是不可大水漫灌，每次只浇“过膛水”。

（3）采后水　甜樱桃在果实采收后1 ～ 2个月期间是其花芽集中分化期，此时保持土壤的适度干旱可促进其花芽分化。采果后可结合施基肥灌一次水，水量不宜过大，如果土壤墒情较好，可以不浇水。

（4）封冻水　土壤封冻前，应灌一遍封冻水，有利于缓冲根际温度的变化，对于甜樱桃树安全越冬、减少花芽冻害、防止幼树抽条都具有重要的意义。

4. 甜樱桃园排水　甜樱桃树根系浅，对土壤通气要求高，抗涝性差。新根发生要求土壤中氧气含量在15%以上，降至5%时新根即完全停长。土壤缺氧，根的呼吸作用不能正常进行，生长和吸收即停止。较长时间缺氧，会产生硫化氢、甲烷等许多有害物质直接毒害根系。因此，樱桃园排水十分重要，从园地选择时起就应该避开易涝和排水不畅的地段，并设计通畅的排水体系，雨季必须保证雨后水能立即排出（图6-57），绝对不能出现园内积水现象，建园时采用高垄定植的方法（图6-58），可以使雨季排水通畅，并有效的避免涝害的威胁。

图6–57　土壤黏重果园在行间开挖深沟排水，同时增加土壤通气能力

图6–58　樱桃高垄栽培

第七章 樱桃主要病虫害防治

一、主要病害及防治措施

(一) 流胶病

图7—1　樱桃主枝流胶病发病状

图7—2　樱桃主干流胶病发病状

流胶病是甜樱桃枝干上的一种重要的非侵染性病害。病害发生极为普遍，发病原因复杂，规律难以掌握。染病后树势衰弱，抗旱、抗寒性减弱，影响花芽分化及产量，重者造成死树。

症状：流胶病在不同树龄上的发病症状和发病程度明显不同，一般幼树及健壮的树发病较轻，老树及残、弱树发病较重。在主枝（图7-1）、主干（图7-2）以及当年生新梢上均可发生，以皮孔为中心发病，在树皮的伤口、皮孔、裂缝、芽基部流出无色半透明稀薄的胶质物，很黏。干后变黄褐色，质地变硬，结晶状，有的呈琥珀状胶块，有的能拉成胶状丝。果实上也常因虫蛀、雹伤流出乳白色半透明的胶质物，有的拉长成丝状。潜伏在枝干中的病菌，在适宜的条件下继续蔓延，一旦病菌侵入木质部或皮层后，形成环状病斑，造成枝干枯死。病菌侵入多年生枝干后，皮层先呈水泡状隆起，造成皮层组织分离，然后逐渐扩大并渗出胶液。病菌在枝干内继续蔓延危害，并且不断渗出胶液，使皮层逐渐木栓化，形成溃疡型病斑。

侵染规律：引起流胶的原因较复杂，多数人认为是一种生理性病害。近些年报道流胶是真菌危害造成的，但到底是真菌寄生后引起流胶发生，还是流胶后真菌感染尚待研究。甜樱桃流胶病在整个生长季节均可以发生，与温度、湿度的关系密切。春季随温度的上升和雨季的来临开始发病，且病情日趋严重。在降雨期间，发病较重，特别在连续阴雨天气，病部渗出大量的胶液。随着气温的降低和降水量的减少，病势发展变得缓慢，逐渐减轻和停止。虫害的发生程度也与流胶病关系密切，危害枝干的吉丁虫、红颈天牛、桑白蚧等，是导致流胶病发生的主要原因之一。霜害、冻伤、日灼伤、机械损伤、剪锯口、伤根多、氮肥过量、结果过多或秋季雨水过多、排水不良等均可引起流胶病的发生。

防治方法：加强栽培管理，改良土壤，合理灌溉，及时排涝，抓好病虫害防治是防治流胶病的根本方法。合理修剪，增强树势，保证植株健壮生长，提高抗性。增施有机肥，改良土壤结构，增强土壤通透性，控制氮肥用量。雨季及时排水，防止园内积水。尽量避免机械性损伤、冻害、日灼伤等，修剪造成的较大伤口涂保护剂。此外，也可以用药剂防治。在施药前将坏死病部刮除，然后均匀涂抹一层药剂。在冬春季用生石灰混合液、50%多菌灵200倍液、70%甲基硫菌灵300倍液或5波美度的石硫合剂均有一定的效果。在生长季节，对发病部位及时刮治，用50%多菌灵100倍液涂抹病斑，然后用塑料薄膜包扎密封。

（二）细菌性穿孔病

症状：病叶最初出现黄白色至白色的圆形小斑点，直径0.5～1毫米。当斑点达到1毫米左右时，则多呈三角形散生于叶面。斑点变浅褐色，周围有浅黄绿色晕。病斑渐变紫褐色，穿孔、干枯脱落（图7-3）。

侵染规律：病原菌在皮层组织内越冬，以皮孔和叶痕附近居多。开花时，病原菌开始繁殖并形成病斑。病原菌从气孔侵入叶片，潜育期16℃为16天，20℃时9天，25～26℃时4～5天，30℃时8天。最适发病温度25～26℃，10天后100%发病。当遇有降雨、大风天气时，病菌借风雨传播，并有利于病菌侵入，会加重发病。

防治方法：加强肥水管理，控制氮肥施用，增强树势，提高树体的抗病能力。甜樱桃树发芽前，喷布1次4～5波美度石硫合剂，消灭越冬菌源。谢花后、新梢速长期，喷布65%代森锰锌可湿性粉剂500倍液，或77%可杀得101可湿性粉剂800倍液，或农用链霉素200单位，均有较好的防治效果。

图7-3　细菌性穿孔病受害叶片

（三）樱桃褐斑病

症状：该病主要危害叶片，也危害叶柄和果实。叶片发病初期在叶片正面叶脉间产生紫色或褐色的坏死斑点（图7-4），同时在斑点的背面形成粉红色霉状物，后期随着斑点的扩大，数斑联合使叶片大部分枯死。有时叶片也形成穿孔现象，造成叶片早期脱落（图7-5，图7-6）。

侵染规律：这是一种由真菌引起的叶斑病。该病菌在发病的落叶上越冬，甜樱桃展叶后，病菌开始侵染叶片，5～6月开始发病，7～8月发病最重，果园密闭湿度大时易发病。不同品种抗病性不同，甜樱桃易感病，酸樱桃抗病。

图7-4　桃褐斑病危害叶片状

图7-5　甜樱桃褐斑病发病病程

图7-6　褐斑病导致甜樱桃早期落叶

防治方法：加强栽培管理，增强树势，提高树体抗病能力；秋季彻底清除病枝、病叶，集中烧毁或深埋，减少越冬病菌数，或者在发芽前喷3～5波美度石硫合剂；谢花后至采果前，喷1～2次70%代森锰锌600倍液或75%百菌清500～600倍液，每隔半月喷1次。

（四）根癌病

症状：根癌病又名根瘤病、冠瘿病、根头癌肿病等，主要发生在根颈部（图7-7），主根、侧根也有发生（图7-8）。瘤形状不定，多为球形。根瘤大小不一，小者如米粒大，大者如核桃，最大的多年生瘤直径可达10厘米。初生瘤乳白色，渐变浅褐至深褐色，表面粗糙不平。鲜瘤横剖面核心部坚硬并木质化，乳白色，瘤皮厚1～2毫米，皮和核心部间有空隙，老瘤核心变褐色。有的瘤似数瘤连体。

侵染规律：根癌病是细菌性病害。根癌病菌在肿瘤组织的皮层内越冬，或当肿瘤组织腐烂破裂时，病菌混入土中，土壤中的癌肿病菌亦能存活1年以上。由于根癌病菌的寄主范围广，土壤带菌是病害主要来源。

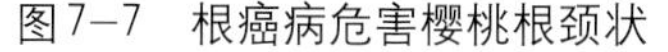

图7-7　根癌病危害樱桃根颈状

图7-8　根癌病危害樱桃主根、侧根状

病菌主要通过雨水和灌溉流水传播；此外，地下害虫如蝼蛄和土壤线虫等也可以传播；而苗木带菌则是病害远距离传播的主要途径。病菌通过伤口侵入寄主，虫伤、耕作时造成的机械伤、插条的剪口、嫁接口，以及其他损伤等，都可成为病菌侵入的途径。育苗地重茬发病多，前茬为甘薯的地块尤其严重。严重地块病株率达90%以上。根癌病的发生与土壤温湿度也有很大关系，土壤湿度大，利于病菌侵染和发病；土温22℃时最适于癌肿的形成，超过30℃的土温，几乎不能形成肿瘤。土壤酸度也与发病有关，碱性土壤利于发病，酸性土壤病害较少，土质黏重、地势低洼、排水不良的果园发病较重。此外，耕作管理粗放，地下害虫和土壤线虫多，以及各种机械损伤多的果园，发病较重；插条假植时伤口愈合不好的，育成的苗木发病较多。

防治方法：①严格检疫和苗木消毒。根癌病主要通过带病苗木远距离传播，因此，建园时应避免从病区引进苗木或接穗；如苗木发现病株应彻底剔除烧毁；对可能带病的苗木和接穗，应进行消毒，可用1%的硫酸铜液浸5分钟，或2%石灰液浸1 ～ 2分钟，苗木消毒后再定植。定植前根系浸蘸K84菌剂，对根癌病的防治效果较好。此外，切忌引进二年生以上老头苗，老苗移栽时多易受到病菌侵染。②加强果园管理。适于根癌发生的中性或微碱性土壤，应增施有机肥，提高土壤酸度，改善土壤结构；土壤耕作及田间操作时应尽可能避免伤根或损伤茎干基部；注意防治地下害虫和土壤线虫，减少虫伤；平时注意雨后排水，降低土壤湿度。加强肥水管理增强树势，提高抗病力。③刮除病瘤或清除病株。发现园中有个别病株时应扒开根周围土壤，用锋利小刀将肿瘤彻底切除，直至露出无病的木质部。刮除的病残组织应集中烧毁并涂以高浓度石硫合剂或波尔多液保护伤口，以免再受感染。对无法治疗的重病株应及早拔除并彻底收拾残根，集中烧毁，移植前应挖除可能带菌的土壤，换上无病、肥沃的新土后再定植。

（五）樱桃褐腐病

症状：主要危害花和果实，引起花腐和果腐，也可以危害叶和枝。发病初期，先在花柱和花冠上出现斑点，以后延伸至萼片和花柄，花器渐变成褐色，直至干枯，后期病部形成一层灰褐色粉状物。从落花后10天幼果开始发病，果面上形成浅褐色圆形小斑点，逐渐扩大为黑褐色病斑，幼果不软腐；成熟果发病，初期在果面产生浅褐色小斑点，迅速扩大，引起全果软腐（图7-9）。病果少数脱落，大部分腐烂失水，干缩成褐色僵果悬挂在树上。嫩叶受害后变褐色萎蔫，枝条受害一般由病花柄、叶柄蔓延到枝条发病，病斑发生溃疡，灰褐色，边缘绿紫褐色，初期易流胶。病斑绕枝条腐烂1周后，枝条枯死。

图7—9　樱桃褐腐病危害樱桃果实状

侵染规律：该病是一种真菌病害，一般在僵果和枝条的病部组织上越冬，春季借助风雨和昆虫进行传播，由气孔、皮孔、伤口处侵入。花期遇阴雨天气，容易产生花腐；果实成熟期多雨，发病严重。晚秋季节容易在枝条上发生溃疡。自开花到成熟期间都能发病。

防治方法：果实采收后，彻底清洁果园，将落叶、落果和树上残留的病果深埋或烧毁，同时剪除病枝及时烧掉。合理修剪，使树冠具有良好的通风透光条件。发芽前喷1次3 ～ 5度石硫合剂；生长季每隔10 ～ 15天喷1次药，共喷4 ～ 6次，药剂可用70%代森锰锌600倍液或50%甲基硫菌灵600 ～ 800倍液，均可有效防治樱桃褐腐病。

（六）黑腐病

黑腐病病原为链格孢*Alternaria* spp.。

症状：发病果实组织坚硬、呈褐色或黑色，稍湿（图7-10）。病情进一步恶化，果实表面会覆盖橄榄绿色的孢子及白色的霉。病斑呈圆形或椭圆形，病斑面积通常为果实的1/3 ～ 1/2。

图7–10　黑腐病危害甜樱桃果实状

侵染规律：致病菌通过切口、裂隙和伤口入侵。黑腐病最显著的特征是孢囊梗上附着大量菌丝体，孢囊梗被灰黑色的孢子囊覆盖，腐烂组织因此而呈灰色。孢子囊极易破裂，向空气中释放出大量孢子，侵染周围的果实。

防治方法：黑腐病的防治首先是保持树体健壮，负载合理，不郁闭。防止裂果、冰雹伤等果实伤口，并及时喷施波尔多液保护，去除病果。果实发育期也可以喷施药剂，可用70%代森锰锌600倍液或50%甲基硫菌灵600 ～ 800倍液防治。

（七）樱桃病毒病

目前我国对樱桃病毒病的研究还处于起步阶段，各种病毒以及对樱桃的危害症状研究得还不透彻。本书根据文献报道*，介绍美国华盛顿州樱桃主要病毒病的症状表现。

1. X–病（X–disease）

症状：在同样的树枝上出现淡红和深红的果实（图7-11），浅色的果实个头较小。最开始只在一枝上有较少的短果枝感染上X-病，以后整棵树都被感染。树枝顶端有些莲座枝的症状。叶子会变得的稍微小一些，并变成青铜色或铁锈绿色。托叶可能变大（图7-12）。以马哈利为砧木的树可能在一两个季节就会病死。

病因：X-病支原体引起此病，由叶蝉、芽接传播。X-病可发生在桃、油桃、甜酸樱桃和稠李上。观赏樱桃和李上病症很轻。

控制措施：用无病的定植苗和接穗，去除病树，销毁果园附近的北美野樱桃。

---

* 摘译自华盛顿州立大学*Field Guide to Sweet Cherry Ciseases in Washington*（《华盛顿甜樱桃病毒指南》内部资料）。

图7—11 X—病导致同一短枝上有粉红小果和深红果实

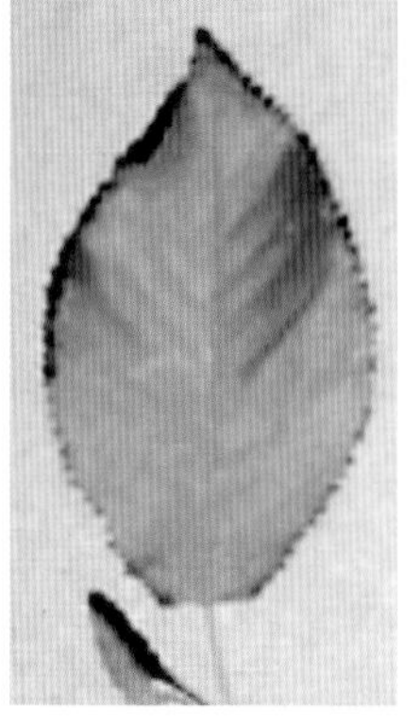

图7—12 增大的托叶

2. 樱桃卷叶病毒

症状：樱桃卷叶病毒（Cherry leafroll virus，CLRV）引起开花延迟和在收获前2 ~ 3周大量叶片衰老。在发病早期，病树结果量大但是果小且成熟延迟（在春天较冷的年份晚3 ~ 14天）（图7-13）。经过几季后，果实的产量急剧下降，树冠变得开张、稀疏。当CLRV伴随着植物环斑病毒（Prnuns necrotic ringspot virus，PNRSV）或者樱桃矮小病毒（Prune dwarf virus，PDV）出现时，树势很快地衰弱。刚开始时，只有1 ~ 2个侧枝可能出现病症，但这种病会很快传遍到整棵树。

图7—13 在采收前出现大量落叶，果小而晚熟都是CLRV的病症

病因：由CLRV引起，可以单独感染，或者伴随着PNRSV或PDV共同感染。在果园里这类病毒通过带病的接穗和根接传播。这类病毒还可通过花粉传播。

控制措施：去除病树，繁殖前进行病毒检测。

3. 樱桃叶斑驳病

症状：樱桃叶斑驳病（Cherry mottle leaf）不规则斑点出现在展开的叶子上，颜色在淡绿色到黄色之间（图7-14），且变得卷曲和折皱（图7-15）。坐果减少，果实变小，成熟延迟且失去风味。顶端生长停滞、节

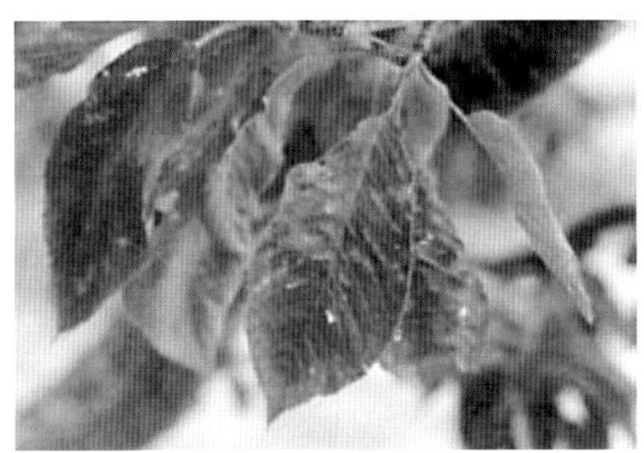

图7-14　叶子上出现不规则的斑驳

图7-15　樱桃叶斑驳并引起的卷曲和折皱

间缩短，使得病树产生莲座状枝丛。

病因：由樱桃叶斑驳病毒引起，通过嫁接和微小的螨虫*Eriophyes inaequalis*传播。在果园边缘的树通常最先感染。Bing和Napoleon（Royal Ann）品种染病严重。大紫、先锋、奇努克、兰伯特、雷尼、萨姆都是无病症的携带者。

控制措施：移除病树避免引发新的感染，在果园旁除去野樱桃，用脱毒的定植苗和接穗。

4. 樱桃锉叶病

症状：樱桃锉叶病（Cherry rasp leaf）叶背面沿着主脉和侧脉之间生长出明显突起的块状物或过度生长（图7-16）。叶子变窄，可能出现褶皱和扭曲，叶面变得粗糙。新感染的树首先出现在下面的叶子上。当短枝和下层树梢坏死时，树冠开张、稀疏（图7-17）。

病因：此病由樱桃锉叶病毒引发，通过针线虫（*Xiphenema americanum*）和嫁接传播。在树内或者整个果园之间传播得较慢。这种病毒不会感染梨树但会使苹果树产出扁平的苹果。

控制措施：移除病树和临近树，在种植樱桃树和苹果树前用杀线虫剂烟熏法消毒土壤，应用脱毒的定植苗和接穗。

5. 樱桃扭叶病

症状：樱桃扭叶病（Cherry twisted leaf）的主叶脉或叶柄严重扭曲

图7–16 在叶子背面和叶脉之间出现过度生长

图7–17 当短枝和下层的树枝坏死的时候，树冠开张

图7–18 叶子的主脉或叶柄受感染，叶子朝一边向下卷曲

（图7-18）。叶子扭曲，朝一边向下卷曲。叶子一直很小或不对称发育。在主脉和侧脉下面出现组织坏死。短枝节间缩短造成短枝挤在一起。

病因：樱桃卷叶病毒引发此病，由嫁接传播。疾病在田间传播过程未知。宾库是栽培品种中感染最严重的。那翁、雷尼和先锋等可能出现病症，也可能特别严重。大部分其他品种在染病后不表现出病症。

控制措施：为了避免传播，发现病症后及时移除病树。清除果园附近的北美野樱桃。

6. 小樱桃

症状：果实成熟延迟。同一果枝上果实的成熟期差别很大。采收时，果实顶部呈尖形或有角，果小，颜色为红色至浅桃红色之间，有苦味。图7-19比较了左边感病的果实和右边正常的果实。一些感病品种在早秋会出现红紫色的叶子（图7-20）。

图7-19　感病的果实（左侧）成熟得慢且口感变苦

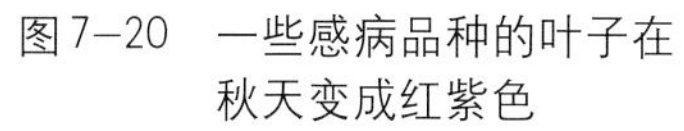

图7-20　一些感病品种的叶子在秋天变成红紫色

病因：有两种小樱桃病毒，任意一种引发都能引起该病。其中一种病毒能被苹果粉蚧传播，两种都能由芽接和嫁接传播。一些小果型的授粉品种、酸樱桃和观赏樱桃等病毒携带者的病症表现不明显。甜樱桃、酸樱桃和观赏花樱桃都是病毒的寄主。

控制措施：使用脱毒的苗木，销毁病树并移走附近果园观赏樱桃树的分蘖根。

7. 坏死锈斑驳病

症状：坏死锈斑驳病（Necrotic rusty mottle）的树开花后3～6周，叶子出现角斑或大面积坏死组织（图7-21）。有角斑的叶子会出现穿孔。严重时腐烂的叶子会脱落。在采收前，树上留下的叶子出现斑驳的黄色，有一些绿色区域。树梢末端的芽不能展开或膨大，甚至坏死。叶子比正常的展开更早。树皮上出现的病症是浅薄的腐烂流胶或较深的流胶区域。

图7-21　大面积的叶组织出现斑点，这些斑点在开花后的1个月坏死

病因：坏死锈斑驳病毒病引起的疾病，通过带病的接穗传播。此病

毒在果园的传播途径未知。春季低温使得病情发生更早且更严重。在温度保持较高的夏天和秋天，叶子的病症通常不易被发现。

控制措施：移除病树；用脱毒的苗和接穗；有些授粉品种是无病症的病毒携带者，在芽接繁殖前检测病毒。

8. 李属坏死环斑病毒

急性感染症状：在4月下旬到5月中旬，树的一枝或者一整边的叶子很快出现褐色坏死的斑点。坏死组织从叶子上脱落，使得叶子看上去破碎或无叶缘（图7-22）。有时候果实的病症在第一年并不表现。果实成熟期可能不一致。

慢性感染症状：叶子出现卷曲的叶尖。在叶子背面沿着主叶脉增生小型的深绿组织（图7-23）。梢尖发育和节间的伸长都减慢。严重的小种会引起果实成熟期的不同。绿色果实可能变成圆形。

图7-23 沿着主叶脉有一些增生物

图7-22 叶子没有叶缘或变得破碎

病因：李属坏死环斑病毒引起樱桃皱缩花叶病（Rugose mosaic），通过从带病的树嫁接、播种或者授粉传播。病情轻微时叶子上出现病症，但在果实上几乎没有。在叶子没有出现病症时，果实成熟期可能延后7 ~ 10天。病情严重时花朵枯萎，叶片变形、严重卷曲，新梢生长减缓，果实成熟延迟10天或更多，并且树势衰弱。

控制措施：在开花前移除受感染的树，使用脱毒的砧木和接穗，用血清检测和ELISA检测发现病症不明显但已染病的树。

9. 锈斑驳病

症状：在开花期和采收期之间，老叶出现黄色斑驳（图7-24），环状或其他形状。受感染的叶子能很快变成在秋季表现出的黄色和全红。内膛偏下部的叶子上病症出现早，并且严重。采收前2～3周锈黄色的叶子脱落，可占到整棵树叶子的30%～70%。受感染的树势变弱；感染较严重的树，果实成熟可能会延迟。

图7—24　老叶出现黄斑

病因：锈斑驳病毒（Cherry rusty mottle virus）引起的疾病，由嫁接传播。

控制措施：一发现病症就应立刻移除病树。种植脱毒的定植苗。

10. 樱桃矮缩病毒

酸樱桃症状：这种疾病由樱桃矮缩病毒引起，被称为酸樱桃黄化病。在花瓣掉落3～4周后叶子出现条状褪色区，颜色由浅绿色到黄色。渐渐地整个叶子都变成黄色，只有较大的叶脉区域是绿色的。叶子很快掉落。树势较弱，果实的数量减少。

甜樱桃症状：叶子上可能出现黄色环、杂斑或穿孔，或者根本没有任何症状。一些菌株没有严重的伤害，而一些则会形成盲枝。

温暖的白天和凉爽的夜晚利于该病发展。染病的树一些年份可能不会表现出病症。在温暖地区樱桃树也可能永远不表现症状。

病因：由芽接、修剪、播种和人工授粉等传播樱桃矮缩病毒。

控制措施：在老果园中分离无毒的树种，用于建设新的酸樱桃园。在1～5年的酸樱桃园中剔除病树并重新栽种酸樱桃树。不要在6～10年的果园剔除病树后重新栽种樱桃。

二、主要虫害及防治措施

（一）桑白蚧

图7-25　桑白蚧

属同翅目，盾蚧科。又称桑白盾蚧、桑盾蚧，简称桑蚧，俗名树虱子。其成虫、若虫、幼虫以刺吸式口器危害枝条和枝干。枝条被害生长势减弱、衰弱萎缩，严重时枝条表面布满虫体，灰白色介壳将树皮覆盖，虫体为害处稍凹陷，枝上芽子尖瘦，叶小而黄，严重树枝干衰弱，整株枯死。

形态特征：桑白蚧雌成虫介壳白或灰白，近扁圆，直径2～2.5毫米，背面隆起，略似扁圆锥形，壳顶点黄褐色，壳有螺纹（图7-25）。壳下虫体为橘黄色或橙黄色，扁椭圆形，长约1.3毫米，腹部分节明显，侧缘突出，触角退化，生殖孔周围有5组盘状腺孔。雄虫若虫阶段有蜡质壳，白色或灰白色，狭长，长约1.2毫米，两侧平直呈长条状，背有3条状突起，壳点橙黄偏于前端，羽化后的虫体橙黄色或粉红色，有翅1对，能飞，体长0.6～0.7毫米，翅膜质，翅展为1.8毫米。后翅退化。眼黑色，触角10节呈念珠状，尾部有一针状交配器。若虫初孵仔虫淡黄，体长椭圆形、扁平。腹末有2根白色尾毛，仔虫阶段能爬行，由雌虫壳下钻出扩散。固定位置后称其为若虫阶段，分泌蜡质逐渐成壳，雌雄逐渐分化。卵长椭圆形，约0.25～0.3毫米，初产粉红，近孵化时变橘红色。雄虫有蛹阶段，裸蛹，橙黄色，长0.6～0.7毫米。

发生规律及习性：华北每年发生2代，江苏、浙江3代，广东5代。各地发生时期不同。北方2代区以受精雌成虫在枝条上越冬，4月下旬开始产卵，5月上旬为产卵盛期。每雌成虫可产卵400粒，卵期约10天。孵化盛期在5月下旬，初孵仔虫，即从雌虫壳下钻出爬行扩散，6月上旬至中旬雌雄介壳即产生区别。雌虫7月份发育成熟，雌雄交配后雄虫死亡。3代区，第一代5～6月，第二代6～7月，第三代8～9月完成。

防治方法：①保护利用天敌。天敌种类很多，寄生性的寄生蜂10余种，捕食性的红点唇瓢虫，方头甲等多种，注意保护利用。②在仔虫孵化期、爬行扩散阶段喷药防治，可喷20%杀灭菊酯3 000倍液或2.5%溴氢菊酯3 000倍液，也可喷蜡蚧灵、速杀蚧、蚧蚜死等新混配剂型农药，每代仔虫期连喷药2次，华北多在5月下旬和8月下旬，每年早晚相差5～7天。③结合修剪、刮树皮等及时剪除受害严重的枝条，用硬毛刷清除大枝上的介壳。

（二）红颈天牛

属鞘翅目，天牛科。又称桃红颈天牛、铁炮虫等，分布很广。以幼虫蛀食皮层和木质相接部分的木质，造成树干中空，输导组织被破坏（图7-26）。虫道弯弯曲曲塞满粪便，有的也排出大量粪便，虫量大时树干基部有大堆的粪便，排粪处也有流胶现象（图7-27）。削弱树势，枝干死亡，严重时造成全株死亡。果园严重被害株率可达60%～70%。

形态特征：红颈天牛雌成虫体长26～37毫米，宽8～10毫米，全体黑色有亮光，腹部黑色有绒毛，头、触角及足黑色，前胸背棕红色。雄成虫体小而瘦。雄虫触角长于身体，而雌成虫触角和身体等长，体两侧各有一腺孔，受惊时分泌白色恶臭液体。红颈天牛的卵长1.5毫米，乳白色，长椭圆形。幼虫乳白色，老幼虫淡黄白色，体长40～50毫米，头黑色。蛹初期黄白色，裸蛹，长32～45毫米。

发生规律及习性：红颈天牛2～3年完成1代，以幼虫在虫道内越冬，每年6～7月成虫出现1次。成虫羽化后，停留2～3天才钻出活动，取食补充营养并在树冠间或枝干上交配，雌雄可多次交配，交尾后4 ～ 5天即开始产卵，卵散产，每雌虫约产卵100余粒，一般在地表以上100厘米左右的主干、主枝皮缝内产卵。老树树皮裂缝多粗糙处产卵多，受害严重，幼树和主干皮光滑的品种受害较轻。幼虫在皮层木质间蛀食，虫道弯曲纵横但很少交叉，幼虫到3龄以后向木质部深层蛀食，老幼虫深入木质部内层。幼虫期很长，一般600 ～ 700天，长者千余天。幼虫老熟后在虫道顶端作一蛹室，内壁光滑，并作羽化孔，用细木屑封住孔口。蛹期20 ～ 25天。6 ～ 7月间出成虫，成虫寿命15 ～ 30天，卵期8 ～ 10天，成虫发生期可持续30 ～ 50天。

图7–26　红颈天牛蛀道内部
（孙瑞红提供）

图7–27　红颈天牛蛀孔外部
（孙瑞红提供）

防治方法：①成虫大量出现时，在中午成虫活跃时人工捕杀成虫。②用塑料薄膜密封包扎树干，基部用土压住，上部扎住口，在其内放磷化铝片2 ～ 3片可以熏杀皮下幼虫。③检查枝干上有无产卵伤口和粪便排除，如发现可用铁丝钩出虫道内虫粪，在其内塞入磷化铝片，每处一小片而后用泥封孔，可熏杀幼虫。④成虫发生期前，用10份生石灰、1份硫黄粉、40份水配制成涂白剂往主干和大枝上涂白，可以有效地防止产卵。

（三）茶翅蝽

茶翅蝽属半翅目，蝽科。又称臭椿象、臭大姐，分布广泛。以成虫和若虫刺吸叶片、嫩梢及果实的汁液。受害幼果呈凹凸不平畸形果（图7-28）。成熟前被害，果肉下陷呈硬化僵块。

形态特征：成虫体长12 ～ 16毫米，宽7 ～ 9毫米，扁平，茶褐色；触角5节，黄褐色；前胸背板前缘有4个黄褐色横列斑点，小盾片基部有

图7-28 茶翅蝽危害甜樱桃果实状
（孙瑞红提供）

图7-29 茶翅蝽若虫
（孙瑞红提供）

5个小黄斑。卵短圆筒形，常28粒排成卵块。若虫形似成虫，无翅（图7-29）。

发生规律及习性：北方地区一年发生1代，以成虫在空房、墙洞、树洞等中越冬。4月下旬开始出蛰，5月下旬开始产卵，6月中、下旬为卵孵化盛期，7月上、中旬出现当年成虫。成虫和若虫受到惊扰或触动时，即分泌臭液逃逸。天敌有椿象黑卵蜂、稻蝽小黑卵蜂等。

防治方法：①冬春季捕杀越冬成虫。发生期随时摘除卵块并及时捕杀初孵群集若虫。②药剂防治适宜在6月中旬至8月上旬进行，使用药剂有48%乐斯本乳油2 000倍液或20%氰戊菊酯乳油3 000倍液、4.5%士达乳油2 000倍液。

（四）梨网蝽

梨网蝽半翅目，网蝽科，别名梨网熔、梨军配虫。成虫和若虫栖居于寄主叶片背面刺吸危害。被害叶表面形成苍白斑点（图7-30），叶片背面因此虫所排出的斑斑点点褐色粪便和产卵时留下的蝇粪状黑色，使整个叶背面呈现出锈黄色，易识别。受害严重时候，使叶片早期脱落，影响树势和产量。

形态特征：成虫体长3.5毫米左右，扁平、暗褐色。头小，复眼暗黑色。触角丝状4节。前胸背板有纵隆起，向后延伸如扁板状，盖住小盾片，两侧向外突出呈翼片状。前翅略呈长方形，具黑褐色斑纹，静止时两翅叠起黑褐色斑纹呈X状。前胸背板与前翅均半透明，具褐色细网纹。胸部腹面黑褐色常有白粉。足黄褐色。腹部金黄色，上有黑色细斑纹（图7-31）。卵长椭圆形，一端略弯曲。初产淡绿色半透明，后变淡黄

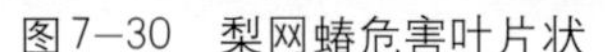
图7—30　梨网蝽危害叶片状

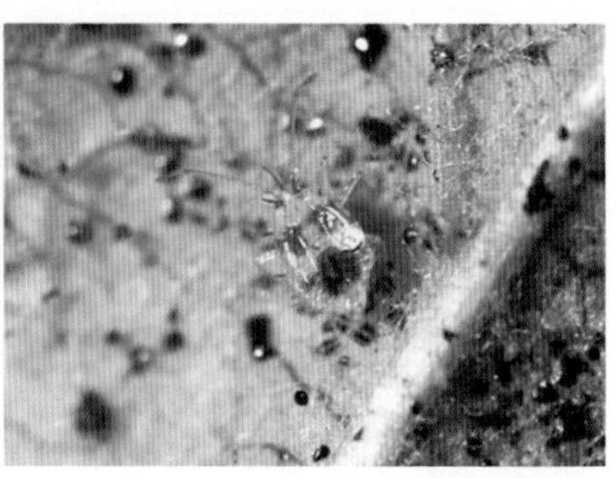

图7—31　梨网蝽成虫

色。幼虫共5龄，初孵若虫乳白色，近透明，数小时后变为淡绿色，最后变成深褐色。3龄后有明显的翅芽，腹部两侧及后缘有一环黄褐色刺状突起。成长若虫头、胸、腹部均有刺突，头部5根，前方3根，中部两侧各1根，胸部两侧各1根，腹部各节两侧与背面也各有1根。

发生规律及习性：每年发生代数因地而异，长江流域一年4 ～ 5代，北方果区3 ～ 4代。各地均以成虫在枯枝落叶、枝干翘皮裂缝、杂草及土、石缝中越冬。在北方果区次年4月上、中旬开始陆续活动，飞到寄主上取食危害。由于成虫出蛰期不整齐，5月中旬以后各虫态同时出现，世代重叠。一年中以7 ～ 8月危害最重。成虫产卵于叶背面叶肉内，每次产1粒卵。常数粒至数十粒相邻产于叶脉两侧的叶肉内，每雌可产卵15 ～ 60粒，卵期15天左右。初孵若虫不甚活动，有群集性，2龄后逐渐扩大危害活动范围。成虫、若虫喜群食叶背主脉附近，被害处叶面呈现黄白色斑点，随着危害的加重而斑点扩大，全片叶苍白，叶背和下边叶面上常落有黑褐色带黏性的分泌物和粪便，并诱致霉病发生，影响树势和来年结果，对当年的产量与品质也有一定影响。危害至10月中、下旬以后，成虫寻找适当处所越冬。

防治方法：①人工防治。成虫春季出蛰活动前，彻底清除果园内及附近的杂草、枯枝落叶，集中烧毁或深埋，消灭越冬成虫。9月间树干上束草，诱集越冬成虫，清理果园时一起处理。②化学防治。关键时期有两个，一个是越冬成虫出蛰至第一代若虫发生期，成虫产卵之前，以压低春季虫口密度；二是夏季大发生前喷药。农药可用90%晶体敌百虫1 000倍液、50%杀螟松乳剂1 000倍液、2.5%溴氰菊酯等菊酯类农药1 500 ～ 2 000倍液等，连喷两次，效果较好。

（五）红蜘蛛

红蜘蛛有多种类型，危害甜樱桃的主要是山楂红蜘蛛，又名山楂叶螨、樱桃红蜘蛛，属于蛛形纲，蜱螨目，叶螨科，分布很广，遍及南北各地。成螨、幼螨、若螨均刺吸叶片组织、芽、果的汁液，被害叶初期呈现灰白色失绿小斑点，随后扩大连片（图7-32）。芽严重受害后不能继续萌发，变黄、干枯。严重时全叶苍白枯焦早落，常造成二次发芽开花，削弱树势，不仅当年果实不能成熟，还影响花芽形成和下年的产量。大量发生的年份，7～8月份常造成大量落叶，导致二次开花。

形态特征：雌成螨有冬型、夏型之分，冬型体长0.4～0.6毫米，朱红色有光泽；夏型体长0.5～0.7毫米，紫红或褐色，体背后半部两侧各有一大黑斑，足浅黄色。体均卵圆形，前端稍宽有隆起，体背刚毛细长26根，横排成6行。雄成螨体长0.35～0.45毫米，纺锤形；第三对足基部最宽，末端较尖，第一对足较长；体浅黄绿至浅橙黄色，体背两侧出现深绿长斑。幼螨3对足，体圆形黄白色，取食后卵圆形浅绿色，体背两侧出现深绿长斑。若螨4对足，淡绿至浅橙黄色，体背出现刚毛，两侧有深绿斑纹，后期与成螨相似。山楂红蜘蛛成螨见图7-33。

图7-32 山楂红蜘蛛危害叶片状
（孙瑞红提供）

图7-33 山楂红蜘蛛成螨
（孙瑞红提供）

发生规律及习性：北方每年发生5～13代，均以受精雌螨在树体各缝隙内及干基附近土缝里群集越冬。翌春日平均气温达9～10℃，出蛰危害芽，展叶后到叶背危害，此时为出蛰盛期，整个出蛰期达40余天。取食7～8天后开始产卵，盛花期为产卵盛期，卵期8～10天，落花后7～8天卵基本孵化完毕，同时出第一代成螨，第一代卵落花后30

余天达孵化盛期，此时各虫态同时存在，世代重叠。一般6月前温度低，完成1代需20余天，虫量增加缓慢，夏季高温干旱9 ~ 15天即可完成1代，卵期4 ~ 6天，麦收前后为全年发生的高峰期，严重者常早期落叶，由于食料不足营养恶化，常提前越冬。食料正常的情况下，进入雨季高湿，加之天敌数量的增长，致山楂叶螨虫口显著下降，至9月可再度上升，危害至10月陆续以末代受精雌螨潜伏越冬。成若幼螨喜在叶背群集危害，有吐丝结网习性，田间雌占60% ~ 85%。春、秋世代平均每雌产卵70 ~ 80粒，夏季世代20 ~ 30粒。非越冬雌螨的寿命，春、秋两季为20 ~ 30天，夏季7 ~ 8天。

防治方法：①保护和引放天敌。红蜘蛛的天敌有食螨瓢虫、小花蝽、食虫盲蝽、草蛉、蓟马、隐翅甲、捕食螨等数十种。尽量减少杀虫剂的使用次数或使用不杀伤天敌的药剂以保护天敌，特别是花后大量天敌相继上树，不喷药治螨，往往也可把害螨控制在经济允许水平以下。个别树严重，平均每叶达5头时应进行“挑治”，防止普治大量杀伤天敌。②果树休眠期刮除老皮，重点是去除主枝分杈以上老皮，主干可不刮皮以保护主干上越冬的天敌。③幼树山楂叶螨主要在树干基部土缝里越冬，可在树干基部培土拍实，防止越冬螨出蛰上树。④发芽前结合防治其他害虫可喷洒5波美度石硫合剂或45%晶体石硫合剂20倍液、含油量3% ~ 5%的柴油乳剂，特别是刮皮后施药效果更好。⑤花前是进行药剂防治叶螨和多种害虫的最佳施药时期，在做好虫情测报的基础上，及时全面进行药剂防治，可控制在危害繁殖之前。可选用0.3 ~ 0.5波美度石硫合剂或45%晶体石硫合剂300倍液。

（六）金龟子

金龟子类危害甜樱桃的主要是苹毛丽金龟子、东方金龟子和铜绿金龟子（图7-34），东方金龟子又名黑绒金龟子，主要以成虫啃食樱桃的芽、幼叶（图7-35）、花蕾、花和嫩枝。苹毛丽金龟子幼虫啃食树体的幼根。成虫在花蕾至盛花期危害最重，危害期1周左右。

形态特征：东方金龟子成虫体长约8 ~ 10毫米，椭圆形，褐色或棕色至黑褐色，鞘翅密布绒毛，呈天鹅绒状。幼虫体长30 ~ 33毫米，头黄褐色，体乳白色。苹毛金电子成虫体长9.0 ~ 12毫米，头胸部古铜色，有光泽，翅鞘为淡茶褐色，半透明，腹部有黄色绒毛。幼虫体形较小，约15毫米，头黄褐色，体乳白色。铜绿龟子体形较大，体长18 ~ 21毫米，背部深绿色有光泽。前胸发达，两侧近边缘处为黄褐色。鞘翅上有3

条隆起纵纹。腹部深褐色，有光泽。幼虫体长23 ～ 25毫米，腹部末节中央有两列刚毛，14 ～ 15对，周围有许多不规则刚毛。

图7–34　铜绿金龟子成虫
（孙瑞红提供）

图7–35　金龟子危害叶片状
（孙瑞红提供）

发生规律及习性：上述金龟子类均为一年发生1代，以成虫或老熟幼虫于土中越冬，只是其出土时期、危害盛期略有差异。苹毛丽金龟子和东方金龟子的成虫均在4月中旬出土，4月下旬至5月上旬为出土高峰，成虫危害叶片。一般多为白天危害，日落则钻入土中或树下过夜。当气温升高时成虫活动最多。金龟子类成虫均有假死习性。铜绿金龟子，除上述习性外，还具有较强的趋光性。

防治方法：①在成虫大量发生时期，利用其假死习性，在早晨或傍晚时人工震动树枝、枝干，把落到地上的成虫集中起来，进行人工捕杀。②铜绿金龟子成虫大量发生时，利用其趋光性，架设黑光灯诱杀成虫。③糖醋液诱杀。用红糖5份、醋20份、白酒2份、水80份，在金龟子成虫发生期间，将配好的糖醋液装入罐头瓶内，每亩挂10 ～ 15个糖醋液瓶，诱引金龟子飞入瓶中，倒出集中杀灭。④水坑诱杀。在金龟子成虫发生期间，在树行间挖一个长80厘米、宽60厘米、深30厘米的坑，坑内铺上完整无漏水的塑料布，做成一个人工防渗水坑，坑内倒满清水。夜间坑里的清水光反射较为明亮，利用金龟子喜光的特性，引诱其飞入水坑中淹死。每亩挖6 ～ 8个水坑即可。⑤药剂防治。避开开花期，树上喷布45%高效氯氰菊酯乳油2 000倍液、48%毒死蜱乳油1 500倍液或50%杀螟硫磷乳油1 000倍液防治。

（七）小绿叶蝉

小绿叶蝉属同翅目，叶蝉科，又名桃一点叶蝉、浮尘子。以成虫、若虫在叶片背面刺吸汁液，被害叶片出现失绿白色斑点，严重时全树叶片呈苍白色（图7-36）。

形态特征：成虫体长3.0 ~ 3.3毫米，全体黄绿色，头顶钝圆，顶端有一个黑点。若虫全体淡绿色，翅芽绿色（图7-37）。

图7—36　小绿叶蝉危害状
（孙瑞红提供）

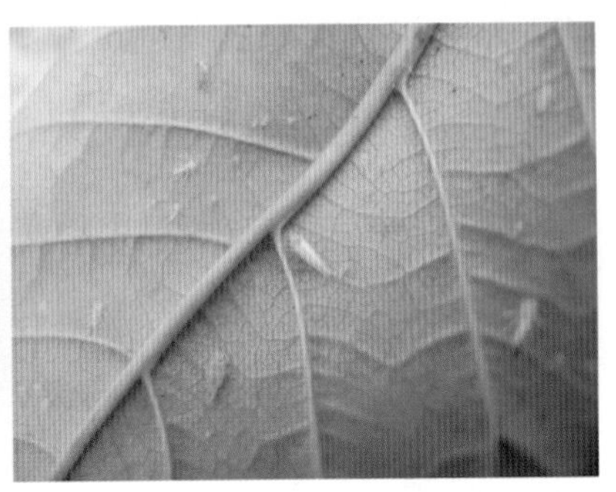

图7—37　小绿叶蝉
（孙瑞红提供）

发生规律及习性：一年发生4代，以成虫在杂草丛、落叶层下和树缝等处越冬。翌年树体萌芽后，越冬成虫迁飞到树上危害并繁殖。前期危害花和嫩芽，谢花后转移到叶片上危害。若虫喜欢群居在叶背，受惊时横行爬动或跳跃。7 ~ 8月发生危害最重。

防治方法：彻底清除果园内杂草，减少危害和繁殖场所。发生危害时，树上喷洒5%高效氯氰菊酯乳油2 000 ~ 3 000倍液，或10%吡虫啉可湿性粉剂3 000 ~ 4 000倍液。

（八）梨小食心虫

梨小食心虫简称“梨小”，属于鳞翅目，卷叶蛾科，又名梨小蛀果蛾、东方蛀果蛾。第1 ~ 2代幼虫钻蛀甜樱桃新梢顶端，多从嫩尖第2 ~ 3片叶柄基部蛀入髓部，往下蛀食至木质化部分然后转移。嫩尖凋萎下垂，很易识别（图7-38）。蛀孔处多流出晶莹透明的果胶，多呈条状，长约1厘米，严重影响生长发育。

形态特征：成虫体长6 ~ 7毫米，翅展13 ~ 14毫米，褐至灰褐色。前翅灰黑色，前缘有10组白色短斜纹，中央近外缘1/3处有一明显白点，翅面散生灰白色鳞片，后部近外缘约10个小黑斑，后翅浅茶褐色。两翅合拢，外缘呈钝角。幼虫体长10 ~ 13毫米，淡红至桃红色，腹部橙黄，头褐色。老幼虫体长约13毫米，淡红至桃红色，头褐色（图7-39）。卵扁椭圆形，周缘平缓，中央鼓起，初产浅乳白色半透明，近孵化时变褐色。蛹长7毫米，黄褐色，渐变为暗褐色，腹部3 ～ 7节背面有2排横列小刺，8 ～ 10节各生一排稍大刺。腹未有8根钩状臀棘。

图7–38　梨小危害状（孙瑞红提供）

图7–39　梨小幼虫（孙瑞红提供）

发生规律及习性：华北每年发生3 ～ 4代，以老熟幼虫在树皮缝内结茧越冬。多数集中在根颈和主干分枝处，树下杂草、土石缝内也有越冬幼虫。有转主危害的习性，1 ～ 2代多危害甜樱桃等核果类新梢，个别也危害苹果新梢，3 ～ 4代多危害桃、李果实，后期集中危害梨或苹果的果实。华北第一代4 ～ 5月，第二代6 ～ 7月，第三代7 ～ 8月，第四代9 ～ 10月。第一次蛀梢高峰在4月下旬至5月上旬，第二次在6月中、下旬，第三次蛀梢在7月，后期多蛀果危害。卵主要产于中部叶背，卵期8 ～ 10天。成虫趋化性强，糖酯液和性诱剂对成虫诱捕力很强。

图7–40　梨小诱捕器

图7–41　诱捕器内部

防治方法：①诱捕成虫。性诱剂诱捕效果很好，每50 ~ 100株设一诱捕器（图7-40，图7-41），每天清除成虫，诱捕器内放少量洗衣粉防成虫飞走。糖醋液(糖5 ：醋20 ：酒5 ：水50)诱捕效果也很好。②喷药防治幼虫。对刚蛀梢的幼虫可喷果虫灵1 000倍液或桃小灵2 000倍液可杀死刚蛀梢的幼虫。③成虫盛发期。当性诱捕器连续3天诱到成虫时即可喷药以杀死成虫和卵，可施用菊酯类药剂。

（九）黄刺蛾

黄刺蛾别名刺蛾、八角虫、八角罐、洋辣子、羊蜡罐、白刺毛，属鳞翅目，刺蛾科。全国分布广泛，是危害甜樱桃的主要刺蛾种类之一。以幼虫伏在叶背面啃食叶肉，使叶片残缺不全，严重时，只剩中间叶脉(图7-42)。幼虫体上的刺毛丛含有毒腺，与人体皮肤接触后，备感痒痛而红肿。

图7—42 黄刺蛾危害叶片状

形态特征：成虫体长15毫米，翅展33毫米左右，体肥大，黄褐色，头胸及腹前后端背面黄色。触角丝状灰褐色，复眼球形黑色。前翅顶角至后缘基部1/3处和臀角附近各有一条棕褐色细线，内侧线的外侧为黄褐色，内侧为黄色；沿翅外缘有棕褐色细线；黄色区有两个深褐色斑，均靠近黄褐色区，一个近后缘，另一个在翅中部稍前。后翅淡黄褐色，边缘色较深。卵椭圆形，扁平，长1.4 ~ 1.5毫米，表面有线纹，初产时黄白，后变黑褐，数十粒块生。幼虫体长16 ~ 25毫米，肥大，呈长方形，黄绿色，背面有一紫褐色哑铃形大斑，边缘发蓝。头较小，淡黄褐色。前胸盾半月形，左右各有一黑褐斑。胴部第二节以后各节有4个横列的肉质突起，上生刺毛与毒毛，其中以3、4、10、11节者较大。气门红褐色，气门上线黑褐色，气门下线黄褐色。臀板上有两个黑点，胸足极小，腹足退化，第1 ~ 7腹节腹面中部各有一扁圆形“吸盘”(图7-43)。蛹长11 ~ 13毫米，椭圆形，黄褐色。茧石灰质坚硬，椭圆形，上有灰白和褐色纵纹似鸟卵（图7-44）。

图7-43　黄刺蛾幼虫

图7-44　黄刺蛾的越冬茧

发生规律及习性：东北及华北一年生1代，河南、陕西、四川2代，以老熟幼虫在枝干上的茧内越冬。1代区5月中、下旬开始化蛹，蛹期15天左右。6月中旬至7月中旬出现成虫，成虫昼伏夜出，有趋光性，羽化后不久交配产卵，卵产于叶背，卵期7～10天，幼虫发生期6月下旬至8月，8月中旬后陆续老熟，在枝干等处结茧越冬。2代区5月上旬开始化蛹，5月下旬至6月上旬羽化，第一代幼虫6月中旬至7月上中旬发生，第一代成虫7月中、下旬始见，第二代幼虫为害盛期在8月上中旬，8月下旬开始老熟结茧越冬。7～8月间高温干旱，黄刺蛾发生严重。

防治方法：①秋冬季结合修剪摘虫茧或敲碎树干上的虫茧，减少虫源。②利用成虫的趋光性，用黑光灯诱杀成虫。③利用幼龄幼虫群集危害的习性，在7月上、中旬及时检查，发现幼虫即人工捕杀，捕杀时注意幼虫毒毛。④生物防治。在成虫产卵盛期用，可采用赤眼蜂寄生卵粒，每亩地放蜂20万头，每隔5天放1次，3次放完，卵粒寄生率可达90%以上。⑤在幼虫盛发期喷洒可用2.5%溴氰菊酯或功夫乳油3 000倍液灭杀幼虫。

（十）褐缘绿刺蛾

别名青刺蛾、四点刺蛾、曲纹绿刺蛾、洋辣子，鳞翅目，刺蛾科，也是危害甜樱桃的主要刺蛾种类之一，北起黑龙江，南至台湾、海南、广东、广西、云南均有分布。低龄幼虫取食下表皮和叶肉，留下上表皮，致叶片呈不规则黄色斑块，大龄幼虫食叶成平直的缺刻。

形态特征：成虫体长16毫米，翅展38～40毫米。触角棕色，雄栉齿状，雌丝状。头、胸、背绿色，胸背中央有一棕色纵线，腹部灰黄色。前翅绿色，基部有暗褐色大斑，外缘为灰黄色宽带，带上散有暗褐色小点和细横线，带内缘内侧有暗褐色波状细线，后翅灰黄色。卵扁椭

图7—45 褐缘绿刺蛾幼虫

圆形，长1.5毫米，黄白色。幼虫体长25 ~ 28毫米，头小，体短粗，初龄黄色，稍大黄绿至绿色；前胸盾上有1对黑斑，中胸至第八腹节各有4个瘤状突起，上生黄色刺毛束；第一腹节背面的毛瘤各有3 ~ 6根红色刺毛，腹末有4个毛瘤丛生蓝黑刺毛，呈球状；背线绿色，两侧有深蓝色点（图7-45）。蛹长13毫米，椭圆形，黄褐色。茧长16毫米，椭圆形，暗褐色酷似树皮。

发生规律及习性：北方年发生1代，河南和长江下游2代，江西3代，均以老熟幼虫蛹于茧内越冬，结茧场所于干基浅土层或枝干上。1代区5月中下旬开始化蛹，6月上中旬至7月中旬为成虫发生期，幼虫发生期6月下旬至9月，8月为害最重，8月下旬至9月下旬陆续老熟且多入土结茧越冬。2代区4月下旬开始化蛹，越冬代成虫5月中旬始见，第一代幼虫6 ~ 7月发生，第一代成虫8月中、下旬出现；第二代幼虫8月下旬至10月中旬发生。10月上旬陆续老熟于枝干上或入土结茧越冬。成虫昼伏夜出，有趋光性，卵数十粒呈块作鱼鳞状排列，多产于叶背主脉附近，每次产卵150余粒，卵期7天左右。幼虫共8龄，少数9龄，1 ~ 3龄群集，4龄后渐分散。

防治方法：参考黄刺蛾。

（十一）桃潜叶蛾

桃潜叶蛾属鳞翅目，潜叶蛾科。主要以幼虫潜食叶肉组织，在叶中纵横取食，形成弯弯曲曲的虫道，并将粪粒充塞其中（图7-46），受害严重时叶片只剩上下表皮，甚至造成叶片提前脱落。若防治不及时，严重削弱树势，影响翌年开花结果。

图7—46 潜叶蛾危害叶片状

形态特征：成虫体长3毫米，翅展6毫米，体及前翅银白色。前翅狭长，先端尖，附生3条黄白色斜纹，翅先端有黑色斑纹。前后翅都具有灰色长缘毛。卵扁椭圆形，无色透明，卵壳极薄而软，大小为0.26 ～ 0.33毫米。幼虫体长6毫米，胸淡绿色，体稍扁。有黑褐色胸足3对。茧扁枣核形，白色，茧两侧有长丝粘于叶上。

发生规律及习性：每年发生约7代，以蛹在果园附近的树皮缝内、被害叶背及落叶、杂草、石块下结白色薄茧过冬。翌年4月下旬至5月初，成虫羽化，夜间活动产卵于叶下表皮内。幼虫孵化后，在叶组织内潜食危害，串成弯曲隧道，并将粪粒充塞其中，叶的表皮不破裂，可由叶面透视。叶受害后枯死脱落。幼虫老熟后在叶内吐丝结白色薄茧化蛹。5月上中旬发生第一代成虫，以后每月发生1代，最后一代发生在11月上旬。

防治方法：①消灭越冬虫体。冬季结合清园，刮除树干上的粗老翘皮，连同清理的叶片、杂草集中焚烧或深埋。②运用性诱剂杀成虫。选一广口容器，盛水至边沿1厘米处，水中加少许洗衣粉，然后用细铁丝串上含有桃潜叶蛾雌成虫性外激素制剂的橡皮诱芯，固定在容器口中央，即成诱捕器（图7-47）。将制好的诱捕器挂于樱桃园中，高度距地面1.5米，每亩挂5 ～ 10个，可以诱杀雄性成虫。③化学防治。化学防治的关键是掌握好用药时间和种类。越冬代及第一、二代幼虫发生盛期分别施用25%灭幼脲3号悬浮剂1 500 ～ 2 000倍药液，为兼治害螨，也可喷蛾螨灵1 500倍液。也可用2.5%溴氰菊酯或功夫乳油3 000倍液。

图7-47　潜叶蛾诱捕器

（十二）苹小卷叶蛾

苹小卷叶蛾属鳞翅目，卷叶蛾科，俗称舐皮虫。幼虫危害果树的芽、叶、花和果实。幼虫常将嫩叶边缘卷曲（图7-48），以后吐丝缀合嫩叶。大幼虫常将2 ～ 3张叶片平贴，或将叶片食成孔洞或缺刻，或将叶片平贴果实上，将果实啃成许多不规则的小坑洼。

图7-48　苹小卷叶蛾危害状

形态特征：成虫体长6 ～ 8毫米，体黄褐色。前翅的前缘向后缘和外缘角有两条浓褐色斜纹，其中一条自前缘向后缘达到翅中央部分时明显加宽。前翅后缘肩角处，及前缘近顶角处各有一小的褐色纹。卵扁平椭圆形，淡黄色半透明，数十粒排成鱼鳞状卵块。幼虫身体细长，头较小呈淡黄色。小幼虫黄绿色，大幼虫翠绿色。蛹黄褐色，腹部背面每节有刺突两排，下面一排小而密，尾端有8根钩状刺毛。

发生规律及习性：苹小卷叶蛾一年发生3 ～ 4代，以幼龄幼虫在粗翘皮下、剪锯口周缘裂缝中结白色薄茧越冬，尤其在剪锯口处，越冬幼虫数量居多。第二年3 ～ 4月出蛰，出蛰幼虫先在嫩芽、花蕾上，潜于其中危害。叶片伸展后，便吐丝缀叶危害，被害叶成为“虫苞”。这时幼虫在虫苞贪食，不太活动，称为紧苞期。幼虫非常活泼，稍受惊动，能前进或后退脱出虫苞，立即吐丝下垂，随风荡动，转移到另一新梢嫩叶上危害。长大后则多卷叶危害，老熟幼虫在卷叶中结茧化蛹。3代发生区，6月中旬越冬代成虫羽化，7月下旬第一代羽化，9月上旬第二代羽化；4代发生区，羽化时间为越冬代为5月下旬，第一代为6月末至7月初，第二代在8月上旬，第三代在9月中旬。成虫有趋光性和趋化性，成虫夜间活动，对果醋和糖醋都有较强的趋性，设置性信息素诱捕器，均可用于直接监测成虫发生期的数量变化。

防治方法：①生物防治。用糖醋、果醋或苹小卷叶蛾性信息素诱捕器以监测成虫发生期数量消长。自诱捕器中出现越冬成虫之日起，第四天开始释放赤眼蜂防治，一般每隔6天放蜂1次，连续放4 ～ 5次，每公顷放蜂约150万头，卵块寄生率可达85%左右，基本控制其危害。一代幼虫初期，选用Bt乳剂2001号、苏脲1号1 000倍液防治。②利用成虫的趋化性和趋光性。将酒、醋、水按5 ∶ 20 ∶ 80的比例配制，或用发酵豆腐水等，引诱成虫。也可以利用成虫的趋光性装置黑光灯诱杀成虫。③人工摘除虫苞。人工摘除虫苞至越冬代成虫出现时结束。④化学防治。在早春刮除树干、主侧枝的老皮、翘皮和剪锯口周缘的裂皮等后，用旧布或棉花包蘸敌百虫300 ～ 500倍液，涂刷剪锯口，杀死其中的越冬幼虫。

（十三）斑翅果蝇

斑翅果蝇最早于1916 年在日本山梨县发现，因其可将卵直接产于成熟或即将成熟的樱桃、桃、欧洲李、葡萄、草莓、树莓、蓝莓、柿、番茄等果皮较软的果实内，给果园造成严重损失。在美国的加利福尼亚州、俄勒冈州和华盛顿州，斑翅果蝇造成个别果园的严重减产，就蓝莓、树莓、樱桃而言，减产的比例甚至高达40%、50% 和33%。2008年以来，斑翅果蝇传播速度加快，目前已经蔓延至美国、加拿大、意大利、西班牙、法国、斯洛文尼亚、俄罗斯、英国、新西兰、澳大利亚、智利、韩国、印度、缅甸、泰国以及巴基斯坦等。在我国，已分布于广西、贵州、河南、湖北、云南、浙江等省、自治区。该虫喜居于凉爽和潮湿的气候环境，美国西部沿海、加拿大及美国东部的大部分地区，欧洲和地中海地区也可能属于该虫的潜在适生区，潜在分布区域范围非常大。

1.分类地位　斑翅果蝇又称铃木氏果蝇，隶属双翅目（Diptera）环列亚目（Cyclorrhapha ）果蝇科（Drosophilidae）果蝇属（*Drosophila*）水果果蝇亚属黑腹果蝇种组。我国黑腹果蝇种组由10个种亚组组成，共67 种，形态上区别不大，尤其是雌虫的形态鉴别更为困难，这为斑翅果蝇的鉴定造成困难。果蝇科有75个属超过4 000个种，绝多数以腐败的水果为生，卵产于果实表面或缝隙，一般对作物无害。果蝇的翅一般无色，成虫个体较小，一般2 ~ 4毫米，可以逃过纱窗，幼虫长度不超过4毫米。

2.形态特征　雄虫体长2.6 ~ 2.8毫米，翅展6 ~ 8毫米，雌虫体长3.2 ~ 3.4毫米。体色近黄褐色或红棕色；触角短粗，芒羽状，着生分支毛。复眼红色，前胸背板淡棕色。雄虫前足第一、第二跗节均具跗栉(图7-49)，与足同向。雄虫翅透明，翅翼边缘第一翅脉末端有一块黑斑(图7-49)，少数雄虫无黑斑。黑斑的斑块数量、位置是斑翅果蝇区别其他果蝇的重要特征，在其他位置的黑斑不属于该种。雌虫无此特征。腹节背面有不间断黑色条带。腹末具黑色环纹。雌虫产卵器黑色，硬化有光泽，突起坚硬，完全暴露时齿状或锯齿状(图7-50)。

图7—49　斑翅果蝇雄虫

注：左为触角芒，右为雄性成虫侧面图，下为跗栉。

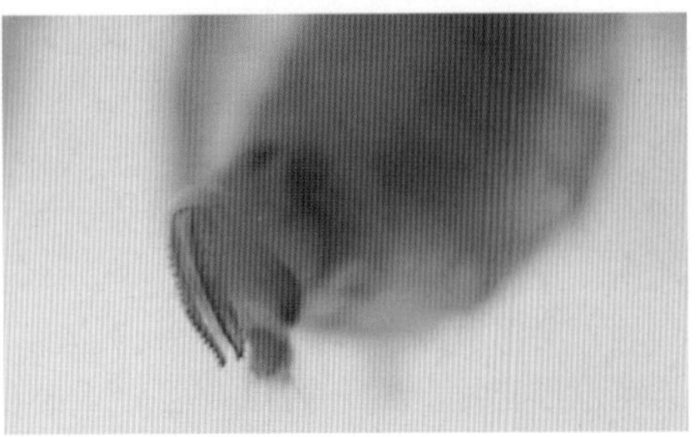

图7-50 斑翅果蝇雌虫产卵期（左右图的拍摄角度不同）

鉴别特征：雄虫前足第一、第二跗节各具一排跗栉，跗栉数量和部位不符不是该种类；雄虫R1脉端部具1个明显的黑斑；雌虫产卵器锯齿状。

卵白色，大小平均为0.62毫米×0.18毫米。幼虫体长小于3.5毫米，白色或乳白色，圆柱状。幼虫分为3龄，大小依次平均为0.67毫米×0.17毫米，2.13毫米×0.40毫米，3.94毫米×0.88毫米。蛹长2～3毫米，圆桶状，深红棕色，末端具2个刺尖。

3. 生命周期与生物学特性 斑翅果蝇生命周期和气候条件密切相关，一般为20～30天，最短8～9天。成虫寿命常为3～9周，越冬成虫寿命长，可达几个月直至次年夏季。繁殖速度快，一年可繁殖3～10代，最多13代。雌虫日产卵7～16粒，多达60粒，一生产卵200～600粒。卵期、幼虫期、蛹期分别为1～3天、3～13天、4～5天。雌虫每次产卵1～3粒，在单个樱桃果实平均产卵量为2.7粒。卵和幼虫均在果实内发育，老熟幼虫在果实内化蛹，也可在果实外化蛹。

斑翅果蝇喜栖息于凉爽湿润的气候环境。在18.3℃的实验室条件下，从卵发育到下一代雌虫产卵需12～15天。成虫在20℃下最活跃，当温度高于30℃时，活跃性明显降低，且雄虫育性下降，当低于0℃时，可以造成卵、幼虫和成虫死亡。在日本札幌，雌虫的半致死低温是－1.6℃，半致死高温是32.6℃，而雄虫分别是－0.1℃和32.6℃。在美国俄勒冈州的冬季，成虫、幼虫和蛹都具有存活60天的潜力，并且成虫的抗寒性强于幼虫和蛹。斑翅果蝇对干燥很敏感，在缺水环境下该虫24小时内死亡。

斑翅果蝇寄主植物广泛，已知寄主涉及18个科60多种水果。雌虫产卵于已经成熟或接近成熟的果皮较软的健康水果，如樱桃、草莓、葡萄、桃、李、柿、树莓、越橘、无花果、番茄等，也可以取食于损坏或发酵的落地果，以及受外伤的苹果、梨、柑橘等。另外，也取食野生樱桃。在食物缺乏时，甚至能靠橡树树液为生。

4.传播途径　雌虫将卵产在成熟的果实中，幼虫和蛹在果实中发育，刚受害的果实外观特征不明显。刚开始受害的樱桃和蓝莓，可以仔细查找到雌虫产卵器在果面留下的小斑痕。对于果面不光滑或有毛的水果，就很难找到受害斑了。卵和孔道更难查找。由于在受害地区难以区别、分拣受害虫果，造成该虫可以很容易随着水果的运输而传播。在销售市场，成虫可以从贮藏场所飞出。如果在果园周边的道路旁销售来自受害地区运来的水果，果园受害的风险更大。更危险的是从南部受害产区贩运到北部产区，以供应早期水果市场。比如，从陕西、山东、河南贩运樱桃供应北京市场，如果在北京樱桃园周边销售，就可能会造成斑翅果蝇危害。抛弃的虫果进入垃圾箱、垃圾场、粪堆后，也可能会有成虫飞出，造成该虫的传播。

5.防治与对策　在诱捕和监测方面，诱捕器可以商业购买或自制。自制方法很简单，把500 ～ 600毫升容量大小的矿泉水瓶洗净，去掉外包装，在瓶的上部或中部均匀地划开4个长0.6 ～ 1.2厘米的十字，再用尖笔把十字向瓶内推压，形成4个内陷的开口，使害虫易入难出。诱捕器可以挂在树枝上，或果园中阴凉的地方，要避免阳光直射。果蝇的诱捕剂以醋和酒为主料。Douglas B. Walsh等认为酵母、糖和水混合物诱捕斑翅果蝇的能力很强。另外，推荐用苹果醋制作诱捕剂，因其持久性较好。乙醇+乙酸+苯基乙醇（1 ：22 ：5）也可以作为诱捕剂。诱捕剂中加少量表面活性剂如洗衣液，诱捕器内吊一条粘虫板，都能减少害虫的逃逸。伍苏然等认为糖醋混合液中酒与醋的比例不是影响诱集效果的关键因素，推荐红糖：白酒：食用醋：水=50 ：150 ：50 ：300为宜。另外，香蕉果肉对斑翅果蝇有很强吸引力，可用的化合物还有醋酸铵结晶、甲基水杨酸等。

在果园管理方面，最关键的是控制樱桃成熟期的成虫数量。从转色期开始，为减少害虫数量，要及时采用深埋、日晒等方法清洁处理果园及周边的病虫果、落地果、过熟果和腐烂果，它们是斑翅果蝇的食物源和繁殖场所。其次，及时采收已经成熟的果实，避免过熟。另外，避免同一地块早中晚品种混栽，缩短果园的采收期也能减少晚熟品种的损失。果蝇属昆虫对气味非常敏感，趋避土臭素，能否将土臭素用于果园趋避斑翅果蝇尚不确定。纱网罩可以阻止多种害虫的危害，也可以防止鸟害，但使用成本较高。

防治效果好的有机磷杀虫剂有马拉硫磷和二嗪农，它们对斑翅果蝇的毒杀期较长。氯氰菊酯在菊酯类农药中效果最好。有效的生物防治方法尚在探索中。

三、综合防治

为有效控制病虫害，提高甜樱桃果品质量，改善生态环境，必须贯彻“预防为主，综合防治”的植保方针。强调以栽培管理为基础的农业防治，提倡生物防治，注意保护天敌，充分发挥天敌的自然控制作用。提倡生态防治和物理防治。按照病虫害的发生规律，选用高效低毒的生物制剂和化学农药进行防治。

（一）农业防治

1. 培育健壮无病毒苗木 甜樱桃根癌病等根部病害和病毒病对樱桃生产危害较严重，发病的因素较多，主要是土壤中是否存在致病病源，苗木根系和接穗是否带有病菌。对病毒病的防治，目前尚无有效的方法和药剂，主要是根据传播侵染发病的特点，隔离病原及中间寄主，切断传播途径，严禁使用染毒的砧木和接穗，繁育健壮无病毒苗木。

2. 合理密植间作，避免重茬 定植密度既要考虑提前结果及丰产，又要注意果园通风透光、便于管理。果园间作绿肥及矮秆作物，可以提高土壤肥力，丰富物种多样性，增加天敌控制效果。老果园应进行土壤处理后再栽树，并避免栽在原来的老树坑上。

3. 加强管理，保持树体健壮，增强抵御病虫害的能力 加强土肥水管理，合理修剪，疏花、疏果，控制负载，增强树体抗病能力。秋末冬初彻底清除落叶和杂草，消灭在其上越冬的病虫，可减少病虫越冬基数。冬季修剪将在枝条上越冬的卵、幼虫、越冬茧等剪去，减轻翌年的发生与危害；夏剪改善树体通风透光条件，抑制病害发生。

（二）生物防治

生物防治指利用生物活体或生物源农药控制有害生物，如天敌昆虫、植物源、微生物源和动物源农药及其他有益生物的利用。生物防治不对环境产生任何副作用，对人畜安全，在果品中无残留。目前主要采用以下途径：

（1）保护和利用天敌　发挥天敌的自然控制作用，避免采取对天敌有伤害的防治措施，尤其要限制广谱有机合成农药的使用。改善果园生态环境，保持生物多样性，为天敌提供转换寄主和良好的繁衍场所。

（2）利用昆虫激素防治害虫　目前我国生产梨小食心虫、苹小卷叶蛾、苹果褐卷叶蛾、桃蛀螟、桃潜蛾等害虫的专用性诱剂，主要用于害虫发生期测报、诱杀和干扰交配。

(3) 其他利用真菌、细菌、放线菌、病毒、线虫等有益微生物或其代谢产物防治果树病虫。

目前用苏云金杆菌（Bt）防治鳞翅目幼虫有较好的效果；利用昆虫病原线虫防治金龟子幼虫；用农抗120防治腐烂病，具有复发率低、愈合快、用药少、成本低等优点。

（三）物理防治

1. 利用昆虫的趋光性　果园设置黑光灯或杀虫灯（图7-51），可诱杀多种果树害虫，将其危害控制在经济损失水平以下。频振式杀虫灯利用害虫有较强的趋光、波、色、味的特点，将光波设在特定的范围内，近距离用光，远距离用波、用色味引诱成虫扑灯，灯外配以频振高压电网触杀，降低田间落卵量，压缩虫口基数。

图7-51　太阳能杀虫灯

2. 害虫越冬前，诱集害虫并于翌年集中消灭　利用害虫在树皮裂缝中越冬的习性，树干上束草把、破布、废报纸等，诱集害虫越冬，翌年害虫出蛰前集中消灭。

3. 冬季树干涂白　可防日烧、冻害，也可阻止天牛等害虫产卵危害。

（四）化学防治

化学防治是指利用化学合成的农药防治病虫。在我国目前条件下，化学农药对病虫害的防治，仍起到不可替代的作用。出于其对环境有一定破坏作用，因此必须科学使用，使其对环境的影响降到最低程度。化学农药安全使用标准和农药合理使用准则，应参照GB/T 4285和GB/T 8321执行。

生产安全优质果品，提倡使用矿物源、植物源和微生物源农药以及高效、低毒、低残留农药。矿物源农药主要是波尔多液和石硫合剂。害虫和病菌对这两种药剂不容易产生抗药性，且持效期较长。禁止使用剧毒、高毒、高残留农药和致畸、致癌、致突变农药，包括滴滴涕、

六六六、杀虫脒、甲胺磷、对硫磷、久效磷、磷胺、甲拌磷、氧化乐果、水胺硫磷、特丁硫磷、甲基硫环磷、治螟磷、甲基异柳磷、内吸磷、克百威、涕灭威、灭多威、汞制剂、砷制剂等。

1. 常用的杀虫剂 以往，防治甜樱桃害虫的药剂主要是有机磷杀虫剂，随着一些高毒、高残留的有机磷农药被禁止使用，要求采用高效、低毒、低残留的药剂来防治害虫和害螨。建议生产上采用国家推荐的无公害农药。

（1）机油乳剂 属于天然无机农药，通过覆盖虫体气孔使其窒息死亡，并有溶蜡效果，因此对介壳虫类有特效，还能防治一些越冬虫卵。过去使用的机油乳剂是粗制机油，仅能在休眠期喷干枝使用，现在有精制机油乳剂产品，可以在生长季节使用，如安普敌死虫等。

（2）拟除虫菊酯类杀虫剂，这一类农药有很多品种，均属于广谱型杀虫剂，对多种害虫如卷叶虫、椿象、叶蝉、蚜虫、介壳虫等有效，主要品种有高效氯氰菊酯、速灭杀丁、溴氰菊酯（敌杀死）、功夫、来福灵、除虫菊素、甲氰菊酯（灭扫利），其中甲氰菊酯具有杀螨活性。

（3）烟碱类杀虫剂 这是一类新合成的广谱杀虫剂，具有良好的内吸胃毒作用，持效期较长，特别是对刺吸式害虫高效，常用于防治蚜虫、椿象、介壳虫、叶蝉、蓟马、白粉虱等害虫。主要品种有吡虫啉、啶虫脒。

（4）昆虫生长调节剂 是一类以干扰昆虫生长发育和繁殖的药剂，选择性强和持效期长，对人类和天敌生物安全，属于无公害农药，主要品种有灭幼脲、卡死克、除虫脲、抑太保、虱螨脲、米螨等。常用于防治鳞翅目害虫，如卷叶蛾、毛虫、食心虫等。

（5）生物杀虫剂 包括活体生物和从生物体内提取的活性物质，目前常用的有苏云金杆菌（Bt）、核多角体病毒、赤眼蜂、捕食螨、草蛉、瓢虫、印楝素、阿维菌素、催杀菌素等。其中苏云金杆菌（Bt）、核多角体病毒、赤眼蜂、印楝素多用于防治鳞翅目害虫；昆虫病原线虫用于防治金龟子幼虫；阿维菌素、催杀菌素用于防治红蜘蛛、白蜘蛛、卷叶虫等。

（6）专性杀螨剂 是专门防治害螨、对害虫无效或效果低的药剂，主要品种有螨死净、尼索朗、螨即死、克螨特等，其中螨死净、尼索朗对卵和幼若螨有效，对成螨无效，持效期较长，因此这两种药适于在大发生之前使用。其他杀螨剂对螨卵、幼若螨和成螨均有杀伤效果，速效性较好，适于在害螨大发生期使用。哒螨酮对白蜘蛛（二斑叶螨）效果较差，用它防治白蜘蛛应和阿维菌素混合使用。

（7）性诱剂又称性信息素　是由性成熟雌虫分泌、以吸引雄虫前来交配的物质。不同昆虫分泌的性信息素不同，因此具有专一性。目前，人工可以合成部分昆虫的性信息素，加入到载体中做成诱芯，用于诱集同种异性昆虫作为害虫预测预报和防治。中国科学院动物研究所已经研制出梨小食心虫诱芯、桃小食心虫诱芯、桃蛀螟诱芯、潜叶蛾诱芯、卷叶蛾诱芯等。

2. 常用的杀菌剂　杀菌剂根据作用效果可分为铲除剂、保护剂、治疗剂。铲除剂是指用于树体消毒的杀菌剂，常于发芽前喷干枝使用。保护剂是指阻碍病菌侵染和发病的药剂，一般在病害发生之前预防使用。治疗剂是指病菌侵染或发病后，能杀死病菌或抑制病菌生长，控制病害发生和发展的药剂。目前生产上常用的杀菌剂品种有：

（1）石硫合剂　是一种广谱保护性杀菌剂，对红蜘蛛、白粉病有效，一般用于休眠期喷干枝使用，铲除树体上的越冬病虫。

（2）多菌灵　是一种内吸性广谱杀菌剂，具有保护和治疗作用，可以防治多种真菌性病害。

（3）甲基托布津　又名甲基硫菌灵，是一种广谱型内吸杀菌剂，具有内吸、预防和治疗作用。用于防治多种病害。

（4）百菌清　又名达科宁，是一种保护性广谱杀菌剂，对多种植物病害有预防作用，对侵入植物体内的病菌作用效果很小。可用于防治樱桃穿孔病、果腐病。

（5）速克灵　保护效果很好，持效期长，能阻止病斑发展，具有内吸性，耐雨水冲刷。用于防治樱桃的灰霉病。

（6）代森锰锌　是一种广谱性触杀型保护杀菌剂，对多种病害有效。同类产品有速克净、喷克、大生富、大生、山德生。

（7）扑海因　又名异菌脲，是一种广谱性触杀型保护杀菌剂，具有一定的治疗作用。用于防治花腐病、灰霉病、叶斑病。

（8）多氧霉素　又名多抗霉素、宝丽安，是一种广谱性抗生素类杀菌剂，具有良好的内吸传导作用和治疗作用，可以防治樱桃叶斑病、灰霉病。

（9）农用链霉素　一种广谱性的生物杀菌剂，主要防治细菌性病害，如穿孔病。

（10）K84菌剂　是一种没有致病性的放射土壤杆菌，能在根部生长繁殖，并产生选择性抗生素，对控制根癌病菌有特效。属于生物保护剂，只有在病菌侵入之前使用，才能获得较好的防治效果。据试验，用K84

菌剂处理的樱桃苗木根癌病发病率是0.5%，而且肿瘤的个体也明显小于对照区。

3. 科学合理地使用化学农药 目前化学农药是快速有效地控制农业病虫的一种手段，但是如果使用不当，不仅达不到理想的防治效果，而且还会带来很多不良后果，如环境污染、伤害有益生物、害虫抗药性和抗药性等。如何科学合理地使用化学农药，应该注意以下几个方面：

（1）根据防治对象及发生特点，选择最有效的药剂和施药时期 每种害虫、病害在发生阶段都有对药剂最敏感的时期，在这个时期用药，不仅防治效果好，而且用药量少，减少农药污染。如介壳虫，它们的初孵幼虫期没有介壳或蜡质层薄，药剂容易穿透虫体体壁发挥药效，此时，是防治介壳虫的关键时期。

（2）农药用量要准确，不可随意加大和降低用量 农药的推荐用量是经过科研单位专门进行药效试验确定的有效用量，随意加大农药用量不仅浪费药剂、加速病虫害抗药性的产生，同时会污染环境和伤害天敌生物，有可能产生药害；降低用量防治效果会下降。

（3）选择合理的施药器械和施药方法 农药有多种剂型，分为乳剂、可湿性粉剂、粉剂、颗粒剂、油剂、水剂等，不同的剂型需要用不同的施药器械和施药方式，才能达到满意的效果，乳剂和可湿性粉剂需要对水喷雾使用，粉剂需要喷粉器械直接喷粉施用，颗粒剂需要撒施到土壤或水面使用，油剂需要超低容量喷雾器喷雾施用。

另外，甜樱桃属于大冠覆盖果树，用药液量大，适合选用高压机动喷雾器械，这样可以使药剂全面均匀覆盖到叶片、果实、枝干等，病虫无藏身和逃避之地，彻底消灭病虫害。

（4）科学混用和交替使用农药 农药混配和混用不是任意两种或多种药剂简单混在一起的事情，必须根据其物理和化学特性、作用特点、防治目的，选择其适应的药剂进行混合，才能达到扩大防治谱、增效、减缓抗药性、节约用工的效果，反之会出现药害、减效、增毒等后果。如菊酯类杀虫剂与碱性农药石硫合剂、波尔多液混用，会出现水解而降低药效。目前，有许多已经加工好的混配制剂可以直接使用，生产中需要混用时需先取少量药剂混在一起，喷洒到个别枝条上，观察混合后是否产生沉淀、结絮，对防治对象效果如何，对甜樱桃有无药害等。

一般害虫在连续用一种农药防治后，容易对该药剂产生抗药性，同时也对同类药剂产生交互抗性，防治效果显著下降。因此，在同一年份，果园内必须几种、几类药剂交替使用，以避免产生抗药性，保证防治效果。

第八章

树 体 保 护

甜樱桃因栽植效益高而深受果农的喜爱，近年来得到了长足的发展。但是由于樱桃砧木的问题一直没有得到很好地解决，樱桃树地上和地下部不能协调一致地生长，抵御灾害的能力不强，加之管理技术等方面的不足，往往造成果园生长不整齐，严重的还造成植株死亡甚至毁园。做好樱桃树的树体防护工作对于解决这方面的问题具有重要的作用。

对樱桃树树体造成伤害的原因主要有自然灾害及人为原因，前者主要体现在霜冻、抽条、冻害、鸟害等方面，后者主要有因修剪、果园管理造成的机械损伤等。在此对各类伤害的预防保护措施进行介绍。

一、霜冻

由于樱桃春季开花早，始花期多在当地晚霜期之前，同时樱桃花耐低温的能力差，花芽一旦萌发，所抵御的温度急剧上升，冬季樱桃冻害的临界温度可达－20℃，而在花蕾期发生冻害的临界温度是－1.7℃，花期和幼果期冻害的临界温度为－1.1℃，因此容易遭受低温晚霜危害，造成减产。在花期必须注意天气预报，做到及时预防，最大限度地减轻损失。

霜冻的预防措施主要有：

一是建园时选择受霜害较轻的地块，选择抗寒的品种，合理搭配授粉树，适当种植自花结实的品种。轻度霜冻有时对花量的影响不大，但是如果授粉品种搭配不合理，将严重影响坐果，部分自花结实的品种如斯坦拉、拉宾斯等不仅是优良的授粉品种，而且自花结实，在易发生霜冻的地区栽植，可有效的降低损失。

从立地条件看，受北风侵袭的北坡地受霜害较重，南坡轻；山下较轻（开花期晚）；低洼地较重，岗平地较轻。因此，在建园时要选择受霜害较轻的地块。

二是早春灌水、霜前喷水。萌芽前漫灌可推迟甜樱桃萌芽和开花。据调查，用井水和水库水地面漫灌，可分别使甜樱桃树推迟5天和3天萌芽。因井水温度较低，故其推迟萌芽的效果更明显。可以降低地温，延迟萌芽和开花，能避开晚霜的危害。根据天气预报，在降霜前1 ~ 2小时喷水，靠水分凝结散热，提高园内小气候的温度，对于减轻霜冻也有显著的作用。

三是熏烟法。熏烟法对于－2℃以上的轻微冻害有一定效果，如低于－2℃，则防效不明显。发烟物可用作物秸秆、杂草、落叶等能产生大量烟雾的易燃材料。事先在甜樱桃园内每隔5米堆放草堆，当花期夜间温度下降到2℃时，点燃草类或作物秸秆。草类可半干半湿，点燃后烟雾弥漫，一般在樱桃园多设几个燃草点，使烟雾连成一片，一直到太阳出来为止。熏烟对防霜效果较好，燃烧后的草灰可均匀撒在树盘里，以增加土壤养分。

四是喷施防护剂。喷施防护剂如天达2116可以有效降低霜害。天达2116是以海洋生物中的活性物质为主要原料制成的植物细胞膜稳态剂，能有效抵御冻害等逆境因子的侵害。在花期前喷施两遍天达2116，能起到壮花、壮果、防病、提高坐果率，达到防冻抗逆目的。

二、抽条

在华北及西北内陆地区甜樱桃栽培往往不能安全越冬，常见的是过冬后的幼树枝条自上而下干枯，这种现象称为“抽条”。抽条严重的植株地上部分全部枯死，比较轻的则一年生枝条枯死或多半枯死（图8-1）。抽条的幼树根系一般不死，能从基部萌发新枝，由于根系发达，长出新枝比较旺，对于旺枝，第二年冬季还会抽条，形成连年抽条，树形紊乱，严重影响甜樱桃的生长和结果。

（一）抽条的原因

以前认为抽条是一种冬季发生的冻害，由于低温使枝条冻死，而后失水干枯形成抽条，实际上从观察抽条产生的时期来看，1月份枝条没有抽条，2月上、中旬，枝条发生纵向皱皮，并且从枝条上部向下部发展，形成枝条由上而下的死亡。因此，从抽条发生的时期来看，不是在冬季最冷的时期，而是在冬末春初，尤以早春为严重。当早春天气干旱，常刮干燥的西北风，抽条就严重，反之抽条则轻，说明发生抽条不是冻害引起的。

图8–1 发生抽条后，枝条严重失水、干枯

产生抽条的真正原因是生理“冻旱”，北方地区冬季寒冷，在冬天和早春，地下土壤冻结，幼树的根系很浅，大都处于冻土层，不能吸收水分或很少吸收水分，而早春气温回升很快，同时风大空气干燥，枝条水分蒸腾量很大，根系不能吸收足够的水分来补充枝条的失水，造成明显的水分失调，入不敷出，引起枝条生理干旱，从而使枝条由上而下抽干。甜樱桃与其他果树相比，幼树的根系一般比其他果树浅，冬春期间吸收水分能力差，而甜樱桃枝条生长量大，表皮角质化差，枝条表面水分蒸腾量又比其他果树大，所以甜樱桃在冬春阶段的生理干旱比其他果树严重，从而抽条也特别严重。

（二）防止抽条的措施

通过上述的产生抽条的原因可知，防止抽条的方法也应该从地上、地下两方面来进行，最有效的方法有以下几种。

1. 秋季控制树体生长，防好病虫害 北方夏末秋初降水多，秋梢生长量大，枝条发育不充实，尤其晚秋气温较高，如果不控制肥水，氮肥施用过多，易造成秋梢贪青徒长，延迟停止生长。在初冬寒潮突然来临时气温骤然下降，在树体营养未能充分回流、枝条越冬锻炼不足时，被强制休眠，在春季多风少雨，空气干燥时，必然发生抽条。此外，叶片穿孔病、叶斑病、红蜘蛛等严重发生时造成树体早期落叶，影响枝条的正常生长，发育不充实，秋季大青叶蝉等直接危害枝条，造成枝条损伤，加重抽条的发生。

因此，秋季应适度控水控肥，并加强病虫害的防护，生长后期不施氮肥，多施磷钾肥，以利枝条的加粗，及早停长，增强幼树的越冬能力。当初秋枝条依然生长较旺时，还可通过掐尖、喷施生长抑制剂等来使枝条停长，全株喷施多效唑，或用多效唑300倍液蘸梢，均能起到良好的效果。

2. 缠塑料条 在冬季落叶后，将幼树所有的枝条用塑料条缠裹（图8-2）。塑料条的材料，以地膜为好，使用前，可将成捆的地膜割成宽5厘米左右的小卷，最好用铺地膜剩下的小捆地膜，以便于操作。从主干开始缠裹，要求一圈压一圈裹紧，全株均要进行缠裹，同时注意不可多个枝条并在一起缠绕，以免缠裹不严，失去保护效果，塑料条的末端一定要绕紧，以防松开后，造成水分丧失。到春季芽萌动时，及时将塑料条解开。此方法用工较多，但保护效果好，缠塑料条后，能够有效抑制水分蒸发，很好的防止抽条，对于一年生幼树十分必要。

图8–2 缠塑料条防止幼树抽条

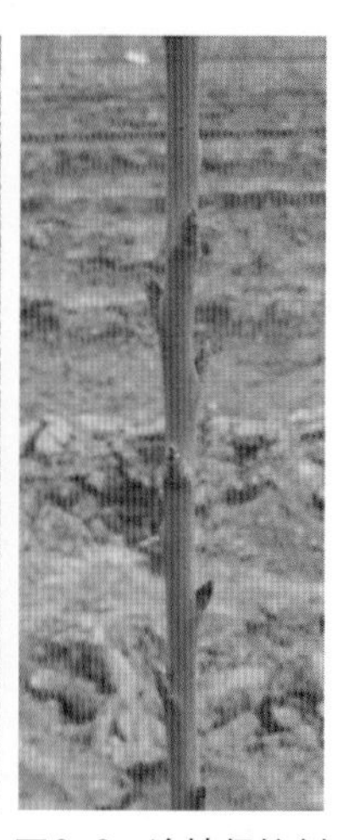

图8–3 涂抹保护剂防止抽条

3. 涂抹保护剂 落叶后，在枝条上涂抹防护剂也可以有效地防止抽条（图8-3）。常见的防护剂有动物油脂、甲基纤维素、凡士林以及其他复配的防抽条油等。这些防护剂往往含有机油成分及其他低分子的油类，渗透性强，能杀死芽及伤口嫩皮，因此一定要注意不要涂抹过厚，以免春季融化后造成枝条和芽的伤害。涂抹时间以12月份气温较低时进行，选择晴好较温暖的正午，先将防护剂均匀搓在手套或布上，然后抓住枝条，自下而上进行涂抹。要求涂抹均匀而薄，要求在芽上不能堆积防护剂。涂防护剂与缠塑料条相比，防止水分蒸发的效果不如缠塑料条，但是在小枝较多的情况下便于操作，速度快，效率高，而且省工，比较适用于两年生以上的幼树防护。

4. 北半边培防风土耳 冬季在幼树西北方向距树干40 ~ 50厘米处堆高40 ~ 50厘米的半弧形防风土耳，可挡北风，减少风害，同时根系附近的土壤形成一个背风向阳的环境，土壤解冻较早，抽条可以得到减轻。该方法和地膜覆盖相结合，对幼树防抽条具有良好的效果。

5. 地膜覆盖 秋冬施肥灌水后，在幼树的两边各铺一条宽约1米的地膜，对于防止抽条具有很好的效果。冬季进行地膜覆盖不但可以保持土壤水分，特别是可以提高地温，在华北内陆地区，地膜下的土壤基本不冻结，在枝条水分蒸腾量很大的早春，阳光好时，地膜下的温度可达10℃以上，根系已经能活动，吸收水分，补充地上部分水分的消耗，从而有效地解决地上地下部水分失调的问题，达到防治抽条的目的。

北方地区樱桃树防止抽条要进行2 ~ 3年，一般四年生以上的甜樱桃就不存在抽条问题了。以上的措施应根据树龄和树体生长状况综合进行，对于一年生幼树应采用缠塑料条和地膜覆盖的措施，寒冷的地方还要在北半部堆防风墙；二年生树，可采用涂抹防护剂和地膜覆盖的措施；三年生树如果树体生长健壮，冬季只需在树行覆盖地膜，三年生以上的树一般不会再发生抽条，可不必防护。应该注意的是所有的防护措施都是建立在良好的栽培管理基础上的，尤其秋季的栽培管理，对于防止抽条具有重要的意义，一定要十分重视。

三、冻害

甜樱桃是一种不耐严寒的落叶果树，冬季－20℃时，就会造成大枝纵裂和流胶，－25℃以下便会大量死树。冻害是甜樱桃在北方地区，尤其是辽宁、河北等地区发展受限制的主要因素。

（一）冻害的症状

樱桃树受冻害后，常表现为树体主干阳面纵裂，部分枝条皮层皱缩、坏死，类似抽条状，严重者全株死亡。受冻害的枝条，剖开树皮后会发现形成层色泽变褐，木质部形成黑心。有的受冻害枝条春季开花后花朵萎蔫（图8-4）。花芽外观正常，但不能开花，芽心变黑褐色（图8-5）。有的病树

图8－4　受冻害枝条春季开花后花朵萎蔫

图8－5　花芽受冻害后不能正常开花，芽心变黑

图8-6 日烧型冻害

春季虽能发芽、展叶，但发芽晚，长势弱，叶小而色淡，叶缘上卷，当五六月份气温偏高时，叶片骤然失水青干，树体逐渐枯死。

除极端低温造成的冻害外，樱桃冻害一般常见的为日烧型冻害（图8-6）。其发生机理为，冬季白天阳光使枝干阳面一侧局部增温化冻，夜晚降温又重新冻结，大幅度温差导致的冻融交替往往使皮层损伤坏死和木质部开裂，这种坏死的皮层和裂开的树干春暖后输导功能受阻，枝条因此衰弱并枯萎。

（二）冻害的防护方法

1. 选用抗寒品种和砧木 甜樱桃品种间抗寒性差异较大，在寒冷地区栽培应选择抗寒性强的品种，先锋、红灯以及近年引进的乌克兰系列的一些樱桃品种抗寒性较强。此外，寒冷地区应选用抗寒砧木，如酸樱桃、山樱桃、草原樱桃等砧木，主根发达，抗寒性强。

2. 枝干涂白 为避免甜樱桃树枝冬季日烧型冻害的发生，最有效的措施是严冬前给主干（图8-7）及大枝涂白，以减少其向阳面的昼夜温差，从而避免冻融骤变造成皮层损伤和裂干。涂白剂的原料配比为：生石灰5 ~ 8份、水20份、石硫合剂原液1份、食盐1份、面粉1份、食用油0.1 ~ 0.2份。配制时，先分别用1/2的水化开石灰和食盐，然后加入石硫合剂、油、面粉，充分搅拌均匀即可。要求树干涂高1米以上，下部主枝涂30厘米以上，成龄树涂前要刮除老翘皮，尤其是枝杈部位要重点涂抹。涂白不但能防冻，而且还能有效防治日灼、病虫危害。

图8-7 树干涂白防冻

3. 树干培土和堆防风土墙 对于一年生幼树，可以全株培土越冬，培土时轻轻压弯树干，先在树干接近根部处垫土形成土枕，以免树干弯折，然后用土将全株埋在土里，要求土堆高40 ~ 50厘米，翌年春季发芽前除去土堆，扶直树干。对于不宜压倒的树，用稻草捆绑包扎树干，稻草厚5厘米，包扎要严实，同时在树西北培70 ~ 80厘米高半圆形土埂，对降低树干附近的风速，提高地温和气温均有良好的作用，从而减轻或避免冻害的发生。

4. 灌封冻水　在每年11月中、下旬至12月初土壤封冻前，全园灌一次封冻水，浇透根系土层，可以减轻土壤干旱，提高冬季地温，缓解土壤温度剧烈变化，有效防止冻害及春季抽条。

四、鸟害

甜樱桃成熟早，果实色泽鲜艳，柔软多汁，很多鸟类喜欢啄食。樱桃园中主要的鸟类有喜鹊、灰喜鹊、麻雀等，这些鸟类生性警觉，移动性大，十分不易防治，虽然危害时间短，但往往给生产中带来很大的损失。因此，必须对鸟害加以防范（图8-8）。

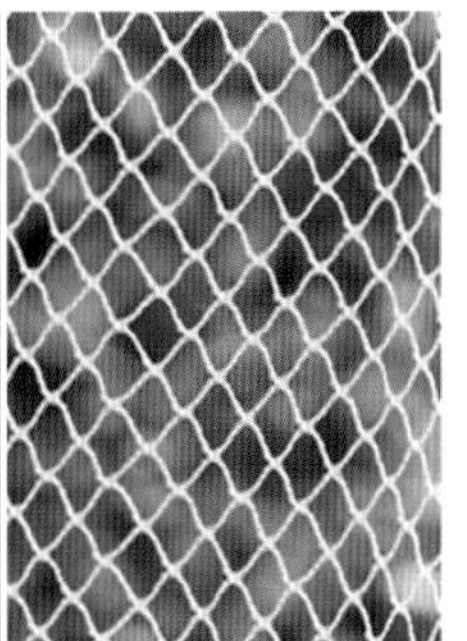

图8-8　鸟害及防鸟网

我国果农以往多采用挂稻草人、敲锣、放鞭炮等方法防治鸟害，实践证明，这些方法不但费力，而且效果不好。防范鸟害最好的方法是在果园架设防鸟网，在果实着色开始时用竹竿、铁丝等材料在果园架设网架（图8-9），网架上铺设用尼龙丝制作的专用防鸟网，网的周边垂下地面并用土压实，以防鸟类从旁边飞入（图8-10）。在冰雹频发的地区，通过调整网格大小，还可以有效地防雹。

目前国外有一些新的方法，对于防治鸟害具有不错的效果。在美国，常采用播放鸟类天敌鸣叫的录音来驱赶害鸟，或用高频警报装置，干扰鸟的听觉系统。这些装置有专门的商品出售，生产中可根据当地危害最多的鸟类，选择适合的声音进行播放，能够取得很好的防鸟效果。

图8-9 防鸟网骨架

图8-10 防鸟网

五、伤口保护

樱桃树伤口愈合缓慢，修剪以及田间操作造成的伤口如果不及时保护，将造成流胶，严重影响树势（图8-11），因此修剪过程中一定要注意避免造成过大、过多的伤口。樱桃树去大枝一般在采果后进行，此期气温适宜，雨水较少，树体生长迅速，有利于伤口的愈合，剪时要避免“朝天疤”，这类伤口遇雨易引起伤口长期过湿，愈合困难并导致木质部腐烂。

修剪后，一定要处理好伤口，锯枝时锯口茬要平，不可留桩，要防止劈裂，为了避免伤口感染病害，有利于伤口的愈合，必须用锋利的刀将伤口四周的皮层和木质部削平，再用5波美度的石硫合剂或杀菌剂进行消毒，然后进行保护。常见的保护方法有涂抹铅油、油漆、稀泥、地膜包裹等，这些伤口保护方法均能防止伤口失水并进一步扩大，但是在促进伤口愈合方面不如涂抹伤口保护剂效果好，现在已有一些商品化的果树专用伤口保护剂（图8-12），生产中可选择使用，也可以自己进行配制。保护剂的应用见图8-13、图8-14。

1. 液体接蜡 用松香6份、动物油2份、酒精2份、松节油1份配制。先把松香和动物油同时加温化开，搅匀后离火降温，再慢慢地加入酒精、松节油，搅匀装瓶密封备用。

2. 松香清油合剂 用松香1份、清油（酚醛清漆）1份配制。先把清油加热至沸，再将松香粉加入拌匀即可。冬季使用应酌情多加清油，热天可适量多加松香。

图8—11　甜樱桃伤口不进行保护，不易愈合，影响树体健康

图8—12　大枝去除后，马上对伤口涂抹保护剂

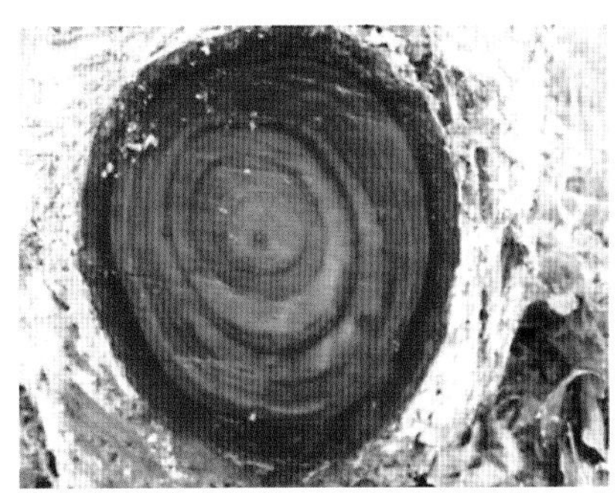

图8—13　涂抹保护剂可在伤口表面形成保护膜，有效阻止水分流失，防止干裂，有利于伤口愈合

图8—14　涂抹伤口保护剂后的伤口愈合情况

3. 豆油铜素剂　用豆油、硫酸铜、熟石灰各1份配制。先把硫酸铜、熟石灰研成细粉备用，然后把豆油倒入锅内熬煮至沸，再把硫酸铜、熟石灰加入油中，充分搅拌，冷却后即可使用。

此外，樱桃树经常因拉枝不及时或枝条角度拉得太死，造成拉枝后大枝自基部劈裂，对于这类伤害，应采用支棍进行撑扶，并及时刮平劈裂处，然后用塑料薄膜包裹，促进伤口愈合。劈裂的枝条可以不用紧密绑回原处，让其继续保持劈裂状态，伤口愈合往往较回复到原位置更好。

第九章 甜樱桃避雨栽培

甜樱桃在果实生长发育期间，常发生不同程度的裂果现象，并且裂口极易受其他病菌的侵染而引起果实腐烂（图9-1）。严重影响了樱桃的产量和品质，造成巨大的经济损失。

图9-1　甜樱桃裂果现象

一、甜樱桃裂果的原因

甜樱桃裂果主要发生在第二次快速生长期至成熟间。此期若土壤湿度不稳定，如久旱遇雨或突然灌大水，可导致果肉的吸水膨胀率大于果皮，进而造成果皮破裂，其中采前遇雨是造成樱桃裂果的主要原因。甜樱桃成熟季节经常会遇到大雨，因此，避雨栽培在甜樱桃的生产中逐渐得到推广，如防雨棚的大量应用。防雨棚不仅避免了雨水对樱桃的直接冲刷，同时也较好地稳定了土壤湿度，解决了樱桃果实因吸水过多而造成的裂果现象。

二、防雨棚的类型

防雨棚的类型要根据当地的气候特点（如风力、降水量等）、樱桃的树形、栽植密度和种植者的经济条件进行选择和建造。下面是几种在生产中应用的防雨棚类型，供读者参考。

（一）伞形防雨棚

该类型防雨棚（图9-2）在北京市农林科学院林业果树研究所有应用。

图9-2　伞形防雨棚

（二）大棚式防雨棚

这种类型的防雨棚（图9-3）在大连地区有应用，采用的是钢架结构，形似塑料大棚，覆膜可以升温和避雨。

图9-3　大棚式防雨棚　　　　（潘凤荣提供）

（三）屋脊式防雨棚

该类型的防雨棚与伞形防雨棚结构类似，搭建更为简单，但同样高度的棚内空间不如伞形防雨棚的大。如图9-4。

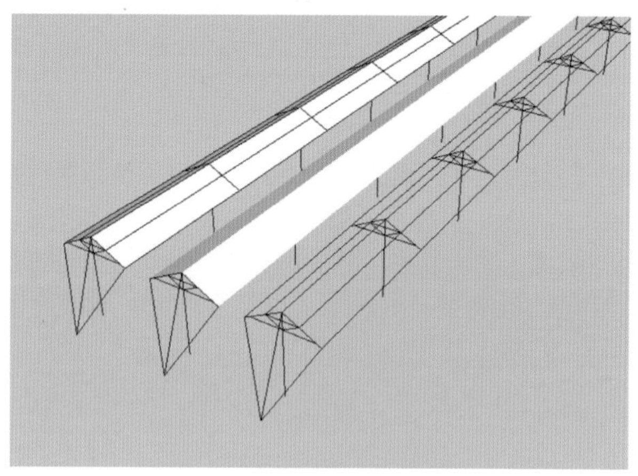

图9-4　屋脊式防雨棚示意图

（四）连栋式防雨棚

连栋防雨棚在国外应用较多，能明显减少樱桃园内的立柱数量，方便园内作业。缺点是造价较高。如图9-5、图9-6。

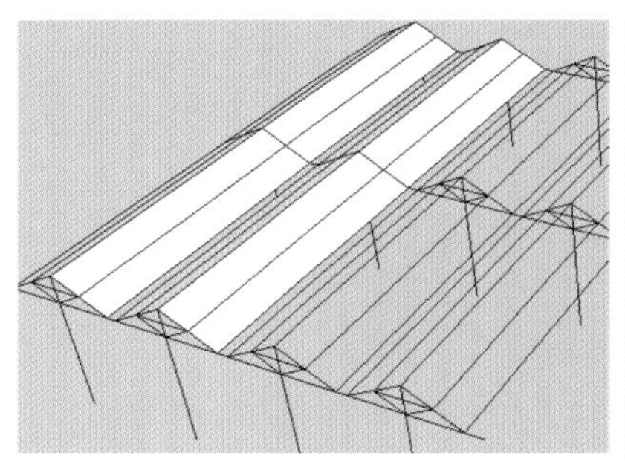

图9-5 连栋屋脊式防雨棚示意图

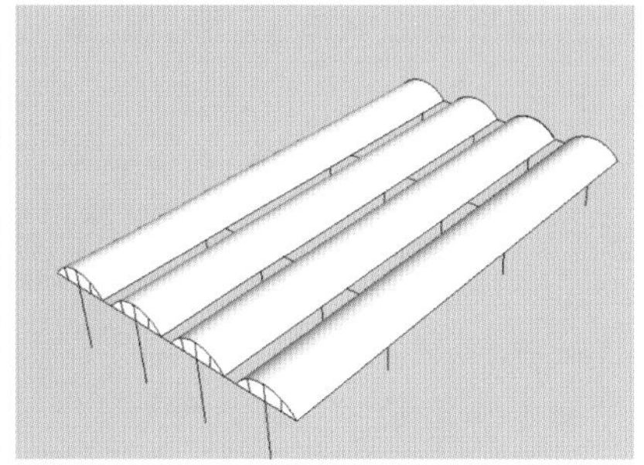

图9-6 连栋圆拱形防雨棚示意图

（五）简易防雨棚

简易防雨棚的建棚材料可使用木棍、竹竿、水泥柱等材料作立柱，竹竿、竹片等做拱杆。取材方便，造价便宜，但抗风能力较弱。由于棚架较低，在雨过天晴，棚内温度骤升时，易引起日灼。

无论选择何种类型的防雨棚，棚顶距离樱桃树的上部枝条之间应保留1.5～2米的空间，这样可以防止高温危害，避免对果实着色和花芽分化造成不良的影响。此外，可结合防鸟进行设计和建造（如顶部覆膜，周围围上防鸟网），实现避雨和防鸟同时进行。

三、覆膜的时期

在南方多雨地区，花期覆膜效果最好。北方地区应根据当地情况，在雨季到来之前覆膜。如果采用可以活动的薄膜，降雨前将薄膜合拢，保护甜樱桃不受雨淋，雨过后再将薄膜拉开，让植株得到充足的光照。

四、防雨棚对樱桃果实的影响

与露地相比，避雨栽培的果实着色期推迟1～5天，成熟期推迟2～5天，盖膜越早，推迟时间越长；果实可溶性固形物略低于露地栽培，但不受降雨的影响；裂果率和鸟害果率明显下降，单果重，优质果率及市场售价则有明显增加。

值得注意的是：对避雨栽培重要性的认识，不能只是简单地局限于防止裂果，应从对整个植株生长发育节律、植株建造水平和质量的角度去认识，使其成为一种先进的栽培方式，全面促进我国樱桃生长现状的改观。此外，避雨的措施要因地制宜，量力而行，并要充分考虑避雨与通风透光的关系。

图书在版编目（CIP）数据

甜樱桃优新品种及配套栽培技术彩色图说 / 张开春等编著. —北京：中国农业出版社，2013.8（2018.9重印）

ISBN 978-7-109-18185-4

Ⅰ. ①甜… Ⅱ. ①张… Ⅲ. ①樱桃－果树园艺－图解 Ⅳ. ①S662.5-64

中国版本图书馆CIP数据核字（2013）第179376号

中国农业出版社出版
（北京市朝阳区麦子店街18号楼）
（邮政编码 100125）
责任编辑 黄 宇

北京通州皇家印刷厂印刷 新华书店北京发行所发行
2015年2月第1版 2018年9月北京第11次印刷

开本：889mm×1194mm 1/32 印张：5
字数：166千字
定价：26.00元